机械制造工艺规程制订实训教程

主　编：周欢伟

副主编：徐哲定　刘义才

参　编：刘怡飞　李助军　胡志伟　诸进才
文丽丽　陈泽宇　龚凌云　王文涛
王达斌

主　审：郧建国

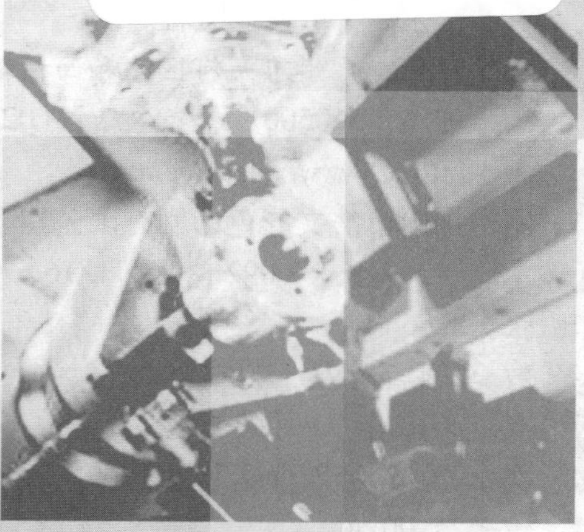

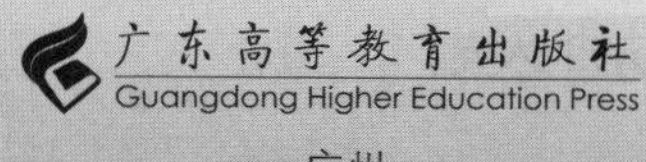

·广州·

图书在版编目（CIP）数据

机械制造工艺规程制订实训教程/周欢伟主编．— 广州：广东高等教育出版社，2018.12
ISBN 978－7－5361－6106－1

Ⅰ.①机… Ⅱ.①周… Ⅲ.①机械制造工艺－规程－职业教育－教材 Ⅳ.①TH16－65

中国版本图书馆 CIP 数据核字（2018）第 015219 号

发　行	广东高等教育出版社 社址：广州市天河区林和西横路 邮编：510500　营销电话：（020）87551597　37362736 http://www.gdgjs.com.cn
印　刷	佛山市浩文彩色印刷有限公司
开　本	787 毫米×1 092 毫米　1/16
印　张	8.75
字　数	204 千字
版　次	2018 年 12 月第 1 版
印　次	2018 年 12 月第 1 次印刷
定　价	25.00 元

前　言

“机械制造工艺规程制订实训教程”是在学习完“机械加工工艺规程制订”课程之后，结合实训、课程设计、企业实习的一门综合实践课程，主要是将理论知识应用到实践中，使学生了解企业在机械制造工艺规程制订方面的实际操作方式。本教材以人力资源和社会保障部国家职业资格管理中心公布的“机械制造工程技术人员”的职业标准为准绳，以实践操作为主，主要就机械加工过程中涉及的加工参数、质量要求、机床选择、刀具选择、材料选择等方面进行介绍。本教材根据先进制造业的需求，凸显工学结合的原则，融入机械加工所涉及的理论知识点和职业技能，通过对零部件的图纸和零件用途等进行分析，制订相应的工艺规程卡，重在培养学生制订机械制造工艺规程的能力。

首先，本教材总体介绍了机械制造工艺规程制订的要求，包括介绍工艺规程的类型、加工需求分析、各参数的确定、加工余量的选择、机床及工艺装备的选择、刀具的选择、常用金属原材料的选择等。其次，通过对轴类、套类、盘类、箱体类、叉架类等典型零件工艺卡进行分析，介绍每类零件的功能作用及基本特点、技术要求、加工工艺规程卡等。最后，介绍加工的安全性、车间典型隐患、注意事项、控制措施及其他注意事项等。本教材遵循职业教育的以项目为导向的人才培养规律和岗位要求，将知识点融入工艺规程的设计、工艺规程制订（轴类零件加工、套类零件加工、盘类零件加工、箱体类零件加工、叉架类零件加工）、机械加工安全规程等三个项目中。

在项目学习中，以轴类、套类、盘类、箱体类、叉架类等典型零件为载体，重点解决在企业中需要完成的工艺规程文件格式、图纸分析、切削用量选择、刀具选择、工艺基准选择、机床选择、机械加工工艺系统变形分析等问题。

学生在完成本实训教程具体项目的过程中，逐步掌握机床、刀具、车、铣、刨、磨、钻等理论知识，提升机械制造工艺规程制订的职业能力。

本教材由广州铁路职业技术学院周欢伟博士担任主编，广州玺明机械科技有限公司总经理徐哲定和广州和易包装设备有限公司总经理刘义才担任副主编。周欢伟博士、刘怡飞老师负责项目一、项目二中套类零件加工的内容编写；广州铁路职业技术学院李助军博士、广东工贸职业技术学院胡志伟老师负责项目二中轴类零件加工的内容编写；广州铁路职业技术学院诸进才老师和广州科技职业技术学院文丽丽老师负责项目二中盘类零件加工的内容编写；广州铁路职业技术学院陈泽宇教授、龚凌云老师负责项目二中箱体类零件加工、叉架类零件加工的内容编写；广州城市职业学院王文涛博士、广东岭南职业技术学院王达斌老师负责项目三的内容编写；周欢伟博士负责项目四的内容编写。周欢伟博士和徐哲定总经理负责统稿，郧建国教授担任本书主审，广东省机械研究所原所长钟燕锋教授和广州铁路职业技术学院张晓东教授审核了本教材。编写过程中还得到广州铁路职业技术学院庞兴、覃钰东、郑剑明等老师的全力支持和帮助，他们也参与了教材的编写和统稿工作。广州冠通机械设备实业有限公司、中航沈阳飞机工业（集团）有限公司、广州市今明科技有限公司等企业的工程师也给予了支持和帮助，并提出了很多宝贵的意见。在此一并表示诚挚的谢意！

由于编者水平有限，书中难免会有错误和不足之处，敬请读者批评指正，不胜感激。

编者

2018 年 11 月

目　　录

1　工艺规程的设计

1.1　工艺规程的类型

工艺规程是指导施工的技术文件，其内容包括零件加工的工艺路线、各工序的具体加工工艺、切削用量、工时定额以及所采用的设备和工艺装备等，一般可分为机械加工工艺过程卡、机械加工工艺卡、机械加工工序卡。

1.1.1　机械加工工艺过程卡

机械加工工艺过程卡（见表1－1）列出了整个零件加工所经过的工艺路线，它是制订其他工艺文件的基础，也是生产技术准备、编制作业计划和组织生产的依据。在这种卡片中，由于各工序的说明不够具体，故一般不能直接指导工人操作，而多在生产管理方面使用。在单件小批量生产中，通常不编制其他较详细的工艺文件，而是以这种卡片指导生产。

表1－1　机械加工工艺过程卡

<table>
<tr><td colspan="2" rowspan="2">（单位）</td><td colspan="3" rowspan="2">机械加工
工艺过程卡</td><td colspan="4">产品型号</td><td></td><td colspan="3">零（部）件图号</td><td></td><td colspan="5">共　　页</td></tr>
<tr><td colspan="4">产品名称</td><td></td><td colspan="3">零（部）件名称</td><td></td><td colspan="5">第　　页</td></tr>
<tr><td colspan="2">材料牌号</td><td></td><td colspan="2">毛坯
种类</td><td colspan="2"></td><td colspan="3">毛坯外
形尺寸</td><td colspan="3">每件毛坯可制件数</td><td></td><td colspan="2">每台件数</td><td colspan="3"></td></tr>
<tr><td colspan="2" rowspan="2">工序号</td><td colspan="3" rowspan="2">工序名称</td><td colspan="4" rowspan="2">工序内容</td><td rowspan="2">车间</td><td colspan="2" rowspan="2">工段</td><td rowspan="2">设备</td><td rowspan="2">工艺
装备</td><td colspan="5">工时</td></tr>
<tr><td colspan="3">准终</td><td colspan="2">单件</td></tr>
<tr><td colspan="2"></td><td colspan="3"></td><td colspan="4"></td><td></td><td colspan="2"></td><td></td><td></td><td colspan="3"></td><td colspan="2"></td></tr>
<tr><td colspan="2"></td><td colspan="3"></td><td colspan="4"></td><td></td><td colspan="2"></td><td></td><td></td><td colspan="3"></td><td colspan="2"></td></tr>
<tr><td>标记</td><td>处数</td><td colspan="2">更改
文件号</td><td>签字</td><td>日期</td><td colspan="2">标记</td><td>处数</td><td>更改
文件号</td><td>签字</td><td>日期</td><td>设计
（日期）</td><td>校对
（日期）</td><td>审核
（日期）</td><td colspan="3">标准化
（日期）</td><td>会签
（日期）</td></tr>
<tr><td></td><td></td><td colspan="2"></td><td></td><td></td><td colspan="2"></td><td></td><td></td><td></td><td></td><td></td><td></td><td></td><td colspan="3"></td><td></td></tr>
</table>

1.1.2 机械加工工艺卡

机械加工工艺卡（见表1－2）以工序为单位详细说明整个工艺过程的工艺标准，是用来指导工人生产、帮助车间管理人员和技术人员掌握整个零件加工过程的一种主要技术文件，广泛应用于成批量生产的零件和小批量生产的重要零件。机械加工工艺卡的内容包括零件的材料和重量、毛坯的制造方法、各个工序的具体内容及加工后要达到的精度和表面粗糙度等。

表1－2 机械加工工艺卡

<table>
<tr><td colspan="2" rowspan="2">（单位）</td><td colspan="3" rowspan="2">机械加工工艺卡</td><td colspan="2">产品型号</td><td colspan="2"></td><td colspan="2">零（部）件图号</td><td colspan="2"></td><td colspan="3">共 页</td></tr>
<tr><td colspan="2">产品名称</td><td colspan="2"></td><td colspan="2">零（部）件名称</td><td colspan="2"></td><td colspan="3">第 页</td></tr>
<tr><td colspan="2">材料牌号</td><td></td><td>毛坯种类</td><td></td><td colspan="2">毛坯外形尺寸/mm</td><td></td><td>每毛坯件数</td><td></td><td>每台件数</td><td colspan="3"></td><td>备注</td><td></td></tr>
<tr><td rowspan="2">工序</td><td rowspan="2">装夹</td><td rowspan="2">工步</td><td rowspan="2">工序内容</td><td rowspan="2">同时加工零件数</td><td colspan="4">切削用量</td><td rowspan="2">夹具</td><td colspan="4">工艺装备</td><td rowspan="2">技术等级</td><td rowspan="2">工时定额</td></tr>
<tr><td>切削深度/mm</td><td>切削速度/(m·min^{-1})</td><td>每分钟转数或往返次数</td><td>进给量/(mm·r^{-1})</td><td>刀具</td><td>量具</td><td>准终</td><td>单件</td></tr>
<tr><td></td><td></td><td></td><td></td><td></td><td></td><td></td><td></td><td></td><td></td><td></td><td></td><td></td><td></td><td></td><td></td></tr>
<tr><td></td><td></td><td></td><td></td><td></td><td></td><td></td><td></td><td></td><td></td><td></td><td></td><td></td><td></td><td></td><td></td></tr>
<tr><td></td><td></td><td></td><td></td><td></td><td></td><td></td><td></td><td></td><td></td><td></td><td></td><td></td><td></td><td></td><td></td></tr>
<tr><td>标记</td><td>处数</td><td colspan="2">更改文件号</td><td>签字</td><td>日期</td><td>标记</td><td>处数</td><td colspan="2">更改文件号</td><td>签字</td><td>日期</td><td>编制（日期）</td><td>审核（日期）</td><td>标准化（日期）</td><td>会签（日期）</td></tr>
<tr><td></td><td></td><td colspan="2"></td><td></td><td></td><td></td><td></td><td colspan="2"></td><td></td><td></td><td></td><td></td><td></td><td></td></tr>
</table>

1.1.3 机械加工工序卡

机械加工工序卡（见表1－3）详细地说明零件的各个工序应如何进行加工。机械加工序卡上要画出工序简图，注明该工序的加工表面及应达到的尺寸和公差、工件的装夹方式、刀具的类型和位置、进刀方向和切削用量等，在成批量零件生产时都要采用这种卡片。

表 1－3　机械加工工序卡

<table>
<tr><td rowspan="2">（单位）</td><td rowspan="2" colspan="2">机械加工工序卡</td><td colspan="2">产品型号</td><td colspan="2"></td><td colspan="2">零件图号</td><td colspan="3"></td><td colspan="3">共　页</td></tr>
<tr><td colspan="2">产品名称</td><td colspan="2"></td><td colspan="2">零件名称</td><td colspan="3"></td><td colspan="3">第　页</td></tr>
<tr><td>材料牌号</td><td></td><td>毛坯种类</td><td></td><td>毛坯外形尺寸/mm</td><td></td><td>每毛坯可制件数</td><td></td><td>每台件数</td><td></td><td>备注</td><td colspan="4"></td></tr>
<tr><td rowspan="8" colspan="7">（工序简图）</td><td colspan="2">车间</td><td colspan="2">工序号</td><td colspan="2">工序名称</td><td colspan="2">材料牌号</td></tr>
<tr><td colspan="2"></td><td colspan="2"></td><td colspan="2"></td><td colspan="2"></td></tr>
<tr><td colspan="3">毛坯种类</td><td colspan="3">毛坯外形尺寸</td><td colspan="2">每毛坯件数</td></tr>
<tr><td colspan="3"></td><td colspan="3"></td><td colspan="2"></td></tr>
<tr><td colspan="2">设备名称</td><td colspan="2">设备型号</td><td colspan="2">设备编号</td><td colspan="2">同时加工件数</td></tr>
<tr><td colspan="2"></td><td colspan="2"></td><td colspan="2"></td><td colspan="2"></td></tr>
<tr><td colspan="3">夹具编号</td><td colspan="3">夹具名称</td><td colspan="2">切削液</td></tr>
<tr><td colspan="3"></td><td colspan="3"></td><td colspan="2"></td></tr>
<tr><td>工步号</td><td colspan="2">工步内容</td><td colspan="2">工艺装备</td><td colspan="2">主轴转速/$(r \cdot min^{-1})$</td><td colspan="2">切削速度/$(m \cdot min^{-1})$</td><td>进给量/$(mm \cdot r^{-1})$</td><td colspan="3">切削深度/mm</td><td colspan="2">进给次数</td></tr>
<tr><td></td><td colspan="2"></td><td colspan="2"></td><td colspan="2"></td><td colspan="2"></td><td></td><td colspan="3"></td><td colspan="2"></td></tr>
<tr><td></td><td colspan="2"></td><td colspan="2"></td><td colspan="2"></td><td colspan="2"></td><td></td><td colspan="3"></td><td colspan="2"></td></tr>
<tr><td></td><td colspan="2"></td><td colspan="2"></td><td colspan="2"></td><td colspan="2"></td><td></td><td colspan="3"></td><td colspan="2"></td></tr>
<tr><td>标记</td><td>处数</td><td>更改文件号</td><td>签字</td><td>日期</td><td>标记</td><td>处数</td><td>更改文件号</td><td>签字</td><td>日期</td><td>设计</td><td>校对</td><td>审核</td><td>标准化</td><td>会签</td></tr>
<tr><td></td><td></td><td></td><td></td><td></td><td></td><td></td><td></td><td></td><td></td><td></td><td></td><td></td><td></td><td></td></tr>
</table>

1.2　加工需求分析

1.2.1　设计图纸的审核

审核设计图纸前需进行以下准备工作：第一，与设计人员或客户交流，了解产品或零件的功能和原理、使用的条件、要求及其基本思路；第二，向设计人员索要后置处理需求、外购件样本、企业规范、与客户签订的技术附件等基本资料。设计图纸的审核可按以下方法和步骤来完成。

1. 图纸布局及目录审查

主要审查图纸目录中的图号、名称、版本号等是否与设计图标题栏的信息一致，同时核对图纸目录中的图幅和图纸张数是否与实际相吻合。

2. 图纸的完整性审查

审查图纸的完整性，看其能否准确地反映设备零件的主要特征；图纸应尽可能简洁，布局得体；检查产品图纸线条、尺寸标注是否完整，有没有一些构造在图中找不到相关尺寸的情况；检查公差是否合理，细节的局部放大图比例是否合适，尺寸线位置是否恰当。

3. 零件质量要求的审核

寻找尺寸精度、表面粗糙度值、形位公差值的标注，提炼出关键尺寸，揣摩设计者的设计意图，从而获得重要表面的加工质量要求。

4. 加工工艺的可行性审核

通过审核机械加工数控等冷工艺、铸造热处理等热工艺、装配工艺以及非金属和钣金工艺，根据企业的加工能力，判断零件是否能够制造或者便于制造，如型面、尺寸精度、公差等是否为本企业加工能力所及。

5. 总装配图的审核

审核图纸的完整性、结构或布置的合理性、装配工艺的正确性、运行和传动的正确性、线性尺寸的正确性与完整性。

1.2.2　工艺规程制订的流程

工艺规程制订工作要时刻以提高劳动效率、降低劳动强度为准绳，尽量避免对操作人员个人经验的过分依赖，做到只要对新员工进行简单的培训即可上岗。工作中要对产品加工方法、工艺方法进行细化，采用流水线作业，减少由于配合不好造成的人力、时间上的浪费。制订工艺规程的流程包括以下 11 个步骤。

1. 零件分析

阅读零件图，了解其结构特点、技术要求及其在所装配部件中的作用（如有装配图，可参阅）。分析时着重抓住主要加工面的尺寸、形状精度、表面粗糙度以及主要表面的相互位置精度要求，做到心中有数。

（1）分析零件结构特点，确定零件的主要加工方法。

（2）分析零件加工技术要求，确定重要表面的精加工方法。

（3）根据零件的结构和精度，做出零件加工工艺评价。

2. 确定毛坯

确定毛坯种类和制造方法时应考虑与规定的生产类型（批量）相适应。对应锻件，应合理确定其分模面的位置；对应铸件，应合理确定其分型面及浇冒口的位置，以便在粗基准选择及确定定位和夹紧点时有所依据。

翻查手册或访问数据库，确定主要表面的总余量、毛坯的尺寸和公差。如对所查值或数据库所给数据进行修正，需说明修正的理由。

绘制毛坯图：毛坯轮廓用粗实线绘制，零件实体用双点画线绘制，比例尽量按1∶1取值；毛坯图上应标出毛坯尺寸、公差、技术要求，以及毛坯制造的分模面、圆角半径和拔模斜度等。确定毛坯的具体工作过程如下：

（1）根据零件的材料和生产批量选择毛坯种类。

（2）根据毛坯总余量和毛坯制造工艺特点确定毛坯的形状和大小。

（3）绘制毛坯工件合图。

3. 确定各表面加工方法

针对主要表面的精度和粗糙度要求，由精到粗确定各表面的加工方法，可查阅工艺手册中典型表面的典型加工方案和各种加工方法所能达到的经济加工精度，选择与生产批量相适应的加工方案和加工方法，对其他加工表面也做类似处理。

根据零件各加工表面的形状、结构特点和加工批量逐一列出各表面的加工方法，注意加工方法可以有多种方案，应根据现有条件进行比较，选择一种最适合的方案。

4. 确定定位基准

根据定位基准的选择原则，并综合考虑零件的特征及加工方法，选择零件表面最终加工所用的精基准、中间工序所用的精基准以及最初工序的粗基准。

（1）选择粗基准。按照粗基准的选择原则为第一道加工工序选择基准。

（2）选择精基准。按照精基准的选择原则确定第一道工序以外的各表面的定位基准，以便确定定位方案和按照基准先行的原则安排工艺路线。

5. 划分加工阶段

一般零件的加工可划分为三个阶段：粗加工阶段、半精加工阶段、精加工阶段。粗加工阶段一般的工作有：粗车、粗铣、粗刨、粗镗等。半精加工阶段一般的工作有：半精车、半精铣、半精刨、半精镗等。精加工阶段一般的工作有：精车、精铣、精刨、精镗、粗磨、精磨。

当零件尺寸精度为IT6级以上，表面粗糙度 Ra 0.4 μm以上时要进行超精加工。

6. 热处理工艺安排

热处理工艺安排将零件加工阶段自然分开。一般情况下，铸造后毛坯要进行时效处理，锻造后毛坯要进行正火或退火处理，然后进行粗加工。粗加工后，复杂铸件要进行二次时效处理，轴类零件一般进行调质处理，然后进行半精加工。各类淬火放在磨削加工前进行，表面化学处理放在零件加工后进行。

7. 辅助工序安排

机床及刀具、夹具、量具、辅具类型的选择应与设计零件的生产类型、零件的材料、零件的外形尺寸和加工表面尺寸、零件的结构特点、该工序的加工质量要求以及生产效率和经济性等相适应，并应充分考虑工厂的现有生产条件，尽量采用标准设备和标准工具。机床及工艺装备的选择可参阅有关的工艺，以及机床和刀具、夹具、量具、辅具手册，也可通过访问数据库获得。

必要时，需安排去毛刺、画线、涂防锈油、涂防锈漆等工序（或工步）。

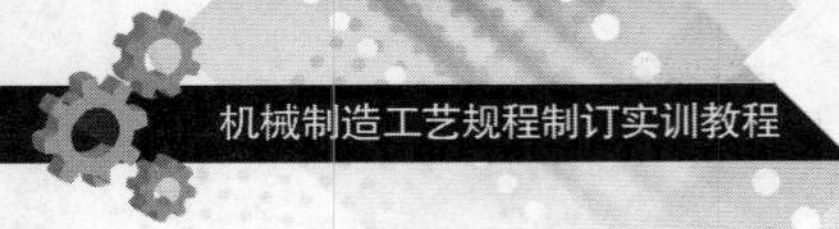

8. 拟订工艺路线

根据零件加工顺序安排的一般原则及零件的特征，拟订零件加工工艺路线。在各种工艺资料中介绍的各种典型零件在不同产量下的工艺路线（其中包括了工艺顺序、工序集中与分散和加工阶段的划分等内容），以及在生产实习和工厂参观时所了解到的现场工艺方案，皆可供设计时参考。

对热处理、中间检验、清洗、终检等辅助工序，以及一些次要工序（或工步），如去毛刺、倒角等，应注意在工艺方案中适当安排，防止遗漏。

（1）按照基准先行、先主后次、先粗后精、先面后孔的原则安排工艺路线，并以重要表面的加工为主线，其他表面的加工穿插其中。一般次要表面的加工是在精加工或磨削加工前进行的，重要表面的最后精加工放在整个加工过程的最后进行。

（2）根据加工批量及现有生产条件考虑工序的集中与分散，以便更合理地安排工艺路线。

（3）按工序安排零件加工的工艺路线。

9. 工艺方案和内容的论证

根据设计零件的不同特点，有选择地进行以下几方面的工艺论证。

（1）对比较复杂的零件，可考虑通过两个甚至更多的工艺方案进行分析比较，择优而定，并在说明书中论证其合理性。

（2）当设计零件的主要技术要求是通过两个甚至更多的工序综合加以保证时，应用工艺尺寸链方法加以分析计算，从而有根据地确定有关工序的工序尺寸公差和工序技术要求。

（3）对于影响零件主要技术要求且误差因素较复杂的重要工序，需要分析论证如何保证该工序的技术要求，从而明确提出对定位精度、夹具设计精度、工艺调整精度、机床和加工方法精度，甚至刀具精度（若有影响）等方面的要求。

（4）其他需要在设计中加以论证分析的内容。

10. 工序设计

对于重要的加工工序，要求进行工序设计，其主要内容包括以下几方面。

（1）划分工步。根据工序内容及加工顺序安排的一般原则合理划分工步。

（2）确定加工余量。用查表法确定各主要加工面的工序（工步）余量。因毛坯总余量已由毛坯（图）在设计阶段定出，故粗加工工序（工步）余量应由总余量减去精加工、半精加工余量之和得出。若某一表面仅需一次粗加工即成型，则该表面的粗加工余量就等于已确定出的毛坯总余量。

（3）确定工序尺寸及公差。对简单加工的情况，工序尺寸可由后续加工的工序尺寸加上名义工序余量简单求得，工序公差可用查表法按加工经济精度确定。对加工时有基准转换的较复杂情况，需用工艺尺寸链来求算工序尺寸及公差。

（4）选择切削用量。切削用量可用查表法或访问数据库法初步确定，再参照所用机床的实际转速、走刀量等最后确定。具体内容如下：

①选择工序的切削机床，切削刀具、夹具、量具。

②确定工序的加工余量，计算各表面的工序尺寸。

③选择合理的切削参数，计算工序的工时定额。

11. 填写工艺卡

工序简图按照缩小的比例画出，不必很严谨。如零件复杂不能在工艺卡中表示时，可用另页单独绘出。工序简图尽量选用一个视图，图中工件是处在加工位置、夹紧状态，用细实线画出工件的主要特征轮廓。本工序的加工面用粗实线画出。为使工序简图能用最少视图表达，对定位夹紧表面以规定的符号来表示。最后还要详细标明本工序的加工质量要求，包括工序尺寸和公差、表面粗糙度以及工序技术要求等。

多刀、多工位加工，还应附有刀具调整示意图。

工艺规程卡的格式比工厂所用的工艺规程卡（实际上各行各业甚至各工厂其卡片格式不尽相同）有所简化，更适用于学习阶段使用。机械加工以前的工序如铸造、人工时效等在工艺规程卡中要有所记载，但不编工序号。根据设计好的内容将相关项目填入工艺规程卡中。

1.3 各参数的确定

1.3.1 工时的确定

工时是指完成一个零件或一个零件某一工序加工所需要的时间。

1. 时间定额的组成

（1）机动时间（也称基本时间，t_j）。指直接改变工件尺寸、形状和表面质量所需要的时间，包括刀具趋近、切入、切削和切出的时间。

（2）辅助时间（t_f）。指某一工序加工工件时进行各种辅助动作所消耗的时间。其中包括装卸工件和有关工步的时间，如启动与停止机床、改变切削用量、对刀、试切、测量等有关工步辅助动作所消耗的时间。

（3）布置工作场地、休息时间（t_b）。指工人在工作时间内整理工作地点以保证正常工作所消耗的时间。其中包括：阅读交接记录，检查工件、机床，对机床进行润滑和空运转，更换与修磨刀具，准备检具和刃具，清理切屑，工作前取出和工作后归还工具，交班前擦拭机床，清理工作场地，填交接班记录及工作时间内允许的必要的休息时间。为了计算方便，根据加工复杂程度的难易，一般按操作时间的百分比来表示。

（4）准备与终结时间（t_z）。指工人在加工一批工件准备工作和加工结束时所消耗的时间。其中包括：熟悉图纸和其他工艺文件，进行尺寸换算，借还工具、夹具、量具、刃具，领取毛坯，安装刀杆、刀具、夹具，转动刀架，修整砂轮，点收零件，调整机床，首件检查，加工结束时清理机床，发送成品等的时间。

一般将准备与终结时间分为固定部分和另加部分，固定部分是指一批零件加工前发生的必需时间；另加部分是指根据实际工作需要做某些准备与结束工作所需的时间。加工一批零件只给一次准备与终结时间。

2. 机械加工时间定额的计算

中批、大批零件加工时间计算式：

$$t_d = (t_j + t_f) \times (1 + K) + \frac{t_z}{N}$$

单件、小批零件加工时间计算式：

$$t_d = t_j \times (1 + K) + t_b + t_z$$

式中，t_d——单件加工时间定额（min）；

t_j——机动时间（min）；

t_f——辅助时间（min）；

t_b——布置工作场地、休息时间（min）；

t_z——准备与终结时间（min）；

K——t_b和 t_z占 t_j 的百分比；

N——生产同一批零件数。

3. 各类型加工方式机动时间的计算

（1）车削。

①外圆或内孔车削。

ⓐ通轴或通孔：

$$t_j = \frac{(l + l_1 + l_2 + l_3) \times i}{f \times n} = \frac{L \times d \times \pi \times i}{f \times v_c \times 1\ 000}(\text{min})$$

ⓑ阶台轴或阶台孔：

$$t_j = \frac{(l + l_1 + l_3) \times i}{f \times n} = \frac{(l + l_1 + l_3) \times d \times \pi \times i}{f \times v_c \times 1\ 000}(\text{min})$$

②车端面。

ⓐ实体：

$$t_j = \frac{(\frac{d}{2} + l_1 + l_2) \times i}{f \times n} = \frac{(\frac{d}{2} + l_1 + l_2) \times d \times \pi \times i}{f \times v_c \times 1\ 000}(\text{min})$$

ⓑ环形：

$$t_j = \frac{(\frac{d - d_2}{2} + l_1 + l_2) \times i}{f \times n} = \frac{(\frac{d - d_2}{2} + l_1 + l_2) \times d \times \pi \times i}{f \times v_c \times 1\ 000}(\text{min})$$

ⓒ带阶台的端面：

$$t_j = \frac{(\frac{d - d_2}{2} + l_1) \times i}{f \times n} = \frac{(\frac{d - d_2}{2} + l_1) \times d \times \pi \times i}{f \times v_c \times 1\ 000}(\text{min})$$

③切断。

ⓐ实体：

$$t_j = \frac{(\frac{d}{2} + l_1) \times i}{f \times n} = \frac{(\frac{d}{2} + l_1) \times d \times \pi \times i}{f \times v_c \times 1\ 000}(\text{min})$$

ⓑ环形：

$$t_j=\frac{(\frac{d-d_2}{2}+l_1+l_2)\times i}{f\times n}=\frac{(\frac{d-d_2}{2}+l_1+l_2)\times d\times\pi\times i}{f\times v_c\times 1\ 000}(\text{min})$$

④车特形面：

$$t_j=\frac{(\frac{d-d_1}{2}+l_1)\times i}{f\times n}=\frac{(\frac{d-d_1}{2}+l_1)\times d\times\pi\times i}{f\times v_c\times 1\ 000}(\text{min})$$

⑤车螺纹。

ⓐ单头：

$$t_j=\frac{2\times(l+l_1+l_3)\times i}{p\times n}=\frac{2\times(l+l_1+l_3)\times d\times\pi\times i}{p\times v_c\times 1\ 000}(\text{min})$$

ⓑ多头：

$$t_j=\frac{2\times(l+l_1+l_3)\times i\times g}{p\times n}(\text{min})$$

⑥切槽：

$$t_j=\frac{(\frac{d-d_1}{2}+l)\times i}{f\times n}=\frac{(\frac{d-d_1}{2}+l_1)\times d\times\pi\times i}{f\times v_c\times 1\ 000}(\text{min})$$

⑦车锥体：

$$t_j=\frac{L_k\times i}{f\times n}=\frac{L_k\times d\times\pi\times i}{f\times v_c\times 1\ 000}(\text{min})$$

以上计算式中各物理量符号意义及单位如下：

t_j——机动时间(min)；

L——切刀行程长度(mm)；

l——加工工件长度(mm)；

l_1——切刀切入长度(mm)；

l_2——切刀切出长度(mm)；

l_3——试刀附加长度(mm)；

i——走刀次数；

f——每转进给量(mm/r)；

n——主轴每分钟转数(r/min)；

d——工件毛坯直径(mm)；

d_1——工件孔径或特形面最小直径(mm)；

d_2——工件外径(mm)；

v_c——机床平均切削速度(m/min)；

p——螺纹的导程或螺距(mm)；

L_k——锥体侧母线长度(mm)。

(2)刨削、插削。

①刨或插平面：

$$t_j=\frac{(B+l_2+l_3)\times i}{f\times n}=\frac{2\times(B\times l_1+l_2+l_3)\times i}{f\times v_m\times 1\ 000}(\text{min})$$

②刨或插槽：

$$t_j=\frac{(h+l)\times i}{f\times n}=\frac{(h+l)\times i\times L}{f\times v_m\times 1\ 000}(\text{min})$$

③刨、插台阶。

ⓐ横向走刀刨或插：

$$t_j=\frac{(B+3)\times i}{f\times n}(\text{min})$$

ⓑ垂直走刀刨或纵向走刀插：

$$t_j=\frac{(h+1)\times i}{f\times n}(\text{min})$$

以上计算式中各物理量符号意义及单位如下：

t_j——机动时间（min）；

L——切刀行程长度（mm）；

l——加工工件长度（mm）；

l_1——切刀切入长度（mm）；

l_2——切刀切出长度（mm）；

l_3——试刀附加长度（mm）；

B——刨或插工件宽度（mm）；

h——被加工槽的深度或台阶高度（mm）；

v_m——机床平均切削速度（m/min）；

f——每双行程进给量（mm）；

i——走刀次数；

n——每分钟双行程次数(r/min)，$n=\frac{v_c\times 1\ 000}{L}\times(1+K)$ （龙门刨：K 为 0.4 ~ 0.75；插床：K 为 0.65 ~ 0.93；牛头刨：K 为 0.7 ~ 0.9。单件零件生产时以上各机床 K 为 1）。

(3)钻削或铰削。

①一般情况：

$$t_j=\frac{L}{f\times n}(\text{min})$$

②钻盲孔、铰盲孔：

$$t_j=\frac{l+l_1}{f\times n}(\text{min})$$

③钻通孔、铰通孔：

$$t_j=\frac{l+l_1+l_2}{f\times n}(\text{min})$$

以上计算式中各量符号意义及单位如下：

t_j——机动时间（min）；

l——加工工件长度（mm）；

l_1——切刀切入长度（mm）；

l_2——切刀切出长度（mm）；

f——每转进给量（mm/r）；

n——刀具或工件每分钟转数（r/min）；

L——刀具总行程，$L = l + l_1 + l_2$(mm)。

（4）齿轮加工。

①用齿轮铣刀铣削圆柱齿轮。

ⓐ铣直齿轮：

$$t_j = \frac{(B + l_1 + l_2) \times Z \times i}{v_f}(\text{min})$$

其中：$l_1 + l_2 = \frac{d_0}{(3 \sim 4)}(\text{mm})$

ⓑ铣螺旋齿轮：

$$t_j = \frac{(\frac{B}{\cos\beta} + l_1 + l_2) \times Z \times i}{v_f}(\text{min})$$

其中：$l_1 + l_2 = \frac{d_0}{(3 \sim 4)}(\text{mm})$

②用齿轮滚刀滚削圆柱齿轮。

ⓐ滚切直齿轮：

$$t_j = \frac{(B + l_1 + l_2) \times Z}{g \times f \times n}(\text{min})$$

其中：$l_1 + l_2 = \frac{d_0}{(3 \sim 4)}(\text{mm})$

ⓑ滚切螺旋齿轮：

$$t_j = \frac{(\frac{B}{\cos\beta} + l_1 + l_2) \times Z}{g \times f \times n}(\text{min})$$

其中：$l_1 + l_2 = \frac{d_0}{(3 \sim 4)}(\text{mm})$

③用模数铣刀铣涡轮：

$$t_j = \frac{(h + l_1) \times Z}{f}(\text{min})$$

④用涡轮滚刀径向滚切涡轮：

$$t_j = \frac{3 \times m \times Z}{g \times n \times f}(\text{min})$$

⑤用指状铣刀成形铣齿轮：

$$t_j = \frac{B + 0.5d_0 + l_2}{f \times n} = \frac{B + 0.5d_0 + l_2}{v_f}(\text{min})$$

其中：$l_2 = 2 \sim 5(\text{mm})$

⑥插圆柱齿轮：

$$t_j = \frac{h}{\frac{(f_1 \times n) + \pi \times d \times i}{(f_2 \times n)}}(\text{min})$$

⑦刨齿机刨圆锥齿轮：

$$t_j = t \times Z \times i(\text{min})$$

⑧磨齿：

$$t_j = Z[\frac{L}{n_0(\frac{i}{f_1} + \frac{2i_2}{f_2} + \frac{2i_3}{f_3})} + i\tau_1 + 2i_2\tau 2 + 2i_3\tau_3](\text{min})$$

将上式查表简化并取平均值为下式：

$$t_j = Z(\frac{L}{n_0} \times 3.18 + 0.33)(\text{min})$$

式中，L——砂轮行程长度（mm）；

n_0——每分钟范成次数；

D——砂轮直径（mm）；

h——全齿高；

i_1，i_2，i_3——粗、半精、精行程次数；

f_1，f_2，f_3——粗、半精、精每次纵向进给量。

以上计算式中各量符号意义及单位如下：

t_j——机动时间（min）；

B——齿轮宽度（mm）；

m——齿轮模数（mm）；

Z——齿轮齿数；

β——螺旋角（度）；

h——全齿高（mm）；

f——每转进给量（mm/r）；

v_f——进给速度（mm/r）；

g——铣刀线数；

n——铣刀每分钟转数（r/min）；

i——走刀次数；

l_1——切入长度（mm）；

l_2——切出长度（mm）；

d_0——铣刀直径（mm）；

d——工件节圆直径（mm）；

f_1——工件每转径向进给量（mm）；

f_2——每双行程圆周进给量（mm）；

t——每齿加工时间（min）；

v_c——切削速度(m/min)；

n_z——加工每齿双行程次数；

n——每分钟双行程次数。

(5)铣削。

①圆柱铣刀、圆盘铣刀铣平面，面铣刀铣平面：

$$t_j = \frac{(l + l_1 + l_2) \times i}{v_f} (\text{min})$$

其中：$l_1 + l_2 = \frac{d_0}{(3 \sim 4)} (\text{mm})$

②铣圆周表面：

$$t_j = \frac{D \times \pi \times i}{v_f} (\text{min})$$

③铣两端为闭口的键槽：

$$t_j = \frac{(l - d_0) \times i}{v_f} (\text{min})$$

④铣一端为闭口的键槽：

$$t_j = \frac{(l + l_1) \times i}{v_f} (\text{min})$$

⑤铣两端为开口的键槽：

$$t_j = \frac{(l + l_1 + l_2) \times i}{v_f} (\text{min})$$

其中：$l_1 = \frac{d_0}{2 + (0.5 \sim 1)} (\text{mm})$

$l_2 = 1 \sim 2 (\text{mm})$

⑥铣半圆键槽：

$$t_j = \frac{(l + l_1)}{v_f} (\text{min})$$

其中：l 等于键槽深度 h（mm）

$l_1 = 0.5 \sim 1 (\text{mm})$

⑦按轮廓铣：

$$t_j = \frac{(l + l_1 + l_2) \times i}{v_f} (\text{min})$$

其中：l 等于铣削轮廓长度，即加工长度（mm）

$l_1 = [a_p + (0.5 \sim 2)] (\text{mm})$

$l_2 = 0 \sim 3 (\text{mm})$

⑧铣齿条。

ⓐ铣直齿条：

$$t_j = \frac{(B + l_1 + l_2) \times i}{v_f}(\text{min})$$

其中：$l_1 + l_2 = \frac{d_0}{(3 \sim 4)}(\text{mm})$

ⓑ铣斜齿条：

$$t_j = \frac{\left(\frac{B}{\cos\beta} + l_1 + l_2\right) \times i}{v_f}(\text{min})$$

其中：$l_1 + l_2 = \frac{d_0}{(3 \sim 4)}(\text{mm})$

⑨铣螺纹。

ⓐ铣短螺纹：

$$t_j = \frac{L}{V_{周}}(\text{min})$$

其中：$L = \frac{7\pi d}{6}(\text{mm})$

式中，$V_{周}$——圆周进给速度（mm/min）；

d——螺纹外径（mm）。

ⓑ铣长螺纹：

$$t_j = \frac{d \times \pi \times L \times g \times i}{V_{周} \times P}(\text{min})$$

式中，L——螺纹长度（mm）；

g——螺纹头数；

P——螺纹升程（mm）。

ⓒ外螺纹旋风铣削：

$$t_j = \frac{L \times i}{n_w \times P}(\text{min})$$

ⓓ内螺纹旋风铣削：

$$t_j = \frac{L \times i}{n_w \times P}(\text{min})$$

式中，L——被加工螺纹长度（mm）；

i——走刀次数；

n_w——工件转数，$n_w = \frac{f_z \times n}{d \times \pi}$；

P——螺纹升程（mm）；

f_z——每齿（刀头）的圆周进给量（mm）；

n——铣刀转数（r/min）；

d——螺纹外径（mm）。

以上计算式中各量符号意义及单位如下：

t_j——机动时间（min）；
L——工作台行程长度，$L = l + l_1 + l_2$（mm）；
l——加工长度（mm）；
l_1——切入长度（mm）；
l_2——切出长度（mm）；
v_f——工作台进给量（mm/min）；
n——铣刀转数（r/min）；
B——铣削宽度（mm）；
i——走刀次数；
d_0——铣刀直径（mm）；
D——铣削圆周表面直径（mm）；
a_p——切削深度（mm）；
β——螺旋角或斜角（度）。

（6）用板牙或丝锥加工螺纹：

$$t_j = \left(\frac{l + l_1 + l_2}{p} \times n + \frac{l + l_1 + l_2}{p} \times n_1\right) \times i = \frac{2 \times (l + 2p) \times i}{p \times n}(\text{min})$$

式中，t_j——机动时间（min）；
l——加工长度（mm）；
l_1——切入长度（mm）；
l_2——切出长度（mm）；
p——螺距（mm）；
n——刀具或工件转数（r/min）；
n_1——刀具或工件返回转数（r/min）；
i——走刀次数。

（7）拉削磨削：

$$t_j = \frac{H}{1\ 000 \times v_c}(\text{min})$$

式中，t_j——机动时间（min）；
H——机床调整的冲程长度（mm）；
v_c——切削速度（m/min）。

（8）磨削。

①外、内圆磨削。

ⓐ纵向进给磨削：

$$t_j = \frac{2 \times L \times h \times K}{n \times f_{纵} \times f_t}(\text{min})$$

ⓑ切入法磨削：

$$t_j = \frac{h \times A}{f_t + \tau} \times K = \frac{0.25 \times A}{0.005 + 0.15} \times 1.3(\text{min})$$

②平面磨削。

ⓐ周磨：

$$t_j=\frac{2\times L\times b\times h\times K}{1\,000\times V_W\times f_B\times f_t\times Z}(\mathrm{min})$$

其中：$L=l_1+20$（mm）

$f_B\approx15$（mm）

$f_t=0.003\sim0.085$（mm）

$V_W=5\sim20$（m/min）

ⓑ端磨：

$$t_j=\frac{h\times i}{f_{双}\times n_{双}}(\mathrm{min})$$

式中，$f_{双}$——双行程轴向进给量（mm）；

$n_{双}$——每分钟双行程数；

i——起刀次数。

ⓒ无心磨：

$$t_j=\frac{L\times i}{0.95\times V_f}(\mathrm{min})$$

式中，V_f——轴向进给速度（mm/min）；

i——起刀次数；

$L=l+B$（mm）（单件）；

$L=n_{工}\times l+B$（mm）（多件连续进给）；

l——工件长度（mm）；

$n_{工}$——连续磨削工件数。

以上计算式中各量符号意义及单位如下：

t_j——机动时间（min）；

h——每面加工余量（mm）；

B——磨轮宽度（mm）；

$f_{纵}$——纵向进给量（mm/r）；

f_t——磨削深度进给量（mm）；

n——工件转数（r/min）；

A——切入次数；

K——光整消除火花修正系数，数值为1.3；

τ——光整时间（min）；

L——工件磨削长度（mm）；

l_1——工件磨削表面长度（mm）；

b——工件磨面宽度（mm）；

V_W——工作台往复速度（m/min）；

f_B——磨削宽度进给量（mm）；

$n_{工}$——同时加工工件数。

1.3.2 加工余量的选择原理及精度要求

1. 加工总余量的确定

（1）加工总余量和工序余量。

加工总余量（毛坯余量）是指毛坯尺寸与零件图设计尺寸之差。

工序余量是指相邻两工序的工序尺寸之差。

某个表面加工余量 Z 为该表面各加工工序的工序余量 Z_i 之总和，即：

$$Z = \sum Zi = Z_1 + Z_2 + \cdots + Z_n \quad (i = 1, 2, \cdots, n)$$

式中，n——该表面的加工工序数。

（2）影响加工余量的因素。

①加工表面上的表面粗糙度和表面缺陷层深度。

②加工前或上一工序的尺寸公差。

③加工前或上一工序各表面相互位置的空间偏差。

④本工序加工时的装夹误差。

（3）用查表法确定机械加工余量。总余量和半精加工、精加工工序余量可参考有关标准或工艺手册查得，并应结合实际情况加以修正。粗加工工序余量减去半精加工和精加工工序余量而得到。

2. 切削用量的计算与选择原则

（1）切削速度 V_c。

①车、铣、钻、镗、磨、铰：

$$V_c = \frac{d \times \pi \times n}{1\,000} \text{（m/min）}$$

$$V_c = \frac{d \times \pi \times n}{1\,000 \times 60} \text{（m/s）}$$

式中，d——工件或刀具（砂轮）待加工表面直径（mm）；

n——工件或刀具（砂轮）每分钟转数（r/min）。

②刨、插：

$$V_c = \frac{L \times (1 + \frac{V_{刨程}}{V_{空程}}) \times n}{1\,000} = \frac{\frac{5}{3} \times L \times n}{1\,000} \approx 0.001\,7 \times L \times n (\text{m/min})$$

或用下公式：

$$V_c = \frac{L(1 + m)n}{1\,000} (\text{m/min})$$

式中，L——刨程行程长度（mm）；

n——每分钟往复次数（次/min）；

m——返程系数，一般取 0.7（因为返程必须速度快）。

（2）每分钟转数或每分钟往返次数（双程数）n。

①每分钟转数：

$$n=\frac{V_c\times 1\ 000}{d\pi}=\frac{(V_c\times 3)\times 1\ 000}{d}(\text{r/min})$$

②每分钟往返次数：

$$n=\frac{V_c\times 1\ 000\times 3}{5\times L}=\frac{V_c}{0.001\ 7\times L}(\text{双程数/min})$$

式中，V_c——切削速度（m/min）；

d——工件或刀具直径（mm）；

L——行程长度（mm）。

（3）进给速度 V_f：

$$V_f=a_f\times Z\times n\ (\text{mm/min})$$

式中，a_f——每齿进给量（mm）；

Z——刀具齿数；

n——每分钟转数（r/min）。

（4）进给量 f 及每齿进给量 a_f。

①进给量：

$$f=\frac{v_f}{n}\ (\text{mm/r})$$

②每齿进给量：

$$a_f=\frac{f}{Z}\ (\text{mm})$$

式中，v_f——每分钟进给量（mm/min）；

n——工件每分钟转数（r/min）；

Z——刀具齿数。

（5）切削深度 a_p。

①一般情况：

$$a_p=\frac{d_w-d_m}{2}$$

②钻削：

$$a_p=\frac{d_w}{2}$$

式中，d_w——待加工直径（mm）；

d_m——已加工面直径（mm）。

3. 辅助时间定额的计算

（1）辅助时间的确定原则。

①辅助时间的长短和工件与机床的规格大小、复杂程度成正比。

②单件小批生产类型的其他时间，包括 t_f、t_b、t_z时间占 t_j 的百分比（$K\%$）及装卸

时间。t_z时间按 $N=10$ 考虑，直接计入单件时间定额中。

（2）辅助时间的确定。

①卧车。

ⓐ工步辅助时间为 5 ~ 15 min。

ⓑ装卸时间为 0.5 ~ 15 min。

ⓒt_b时间为 t_j 的 16% 。

ⓓt_z时间为 50 ~ 90 min。

②立车。

ⓐ工步辅助时间为 15 ~ 50 min。

ⓑ装卸时间为 10 ~ 50 min。

ⓒt_b时间为 t_j 的 14% ~ 16% 。

ⓓt_z时间为 70 ~ 120 min。

③镗床。

ⓐ工步辅助时间为 5 ~ 15 min。

ⓑ装卸时间为 20 ~ 240 min。

ⓒt_b时间为 t_j 的 15% ~ 17% 。

ⓓt_z时间为 90 ~ 120 min。

④钻床。

ⓐ工步辅助时间为 3 ~ 5 min。

ⓑ装卸时间为 15 ~ 30 min。

ⓒt_b时间为 t_j 的 11% ~ 13% 。

ⓓt_z时间为 30 ~ 60 min。

⑤铣床。

ⓐ工步辅助时间为 5 ~ 15 min。

ⓑ装卸时间为 1 ~ 12 min。

ⓒt_b时间为 t_j 的 13% ~ 15% 。

ⓓt_z时间为 30 ~ 120 min。

⑥刨床、插床。

ⓐ工步辅助时间为 6 ~ 10 min。

ⓑ装卸时间为 1 ~ 120 min。

ⓒt_b时间为 t_j 的 13% ~ 14% 。

ⓓt_z时间为 30 ~ 120 min。

⑦磨床。

ⓐ工步辅助时间为 2 ~ 8 min。

ⓑ装卸时间为 0.3 ~ 8 min。

ⓒt_b时间为 t_j 的 12% ~ 13% 。

ⓓt_z时间为 15 ~ 120 min。

⑧齿轮机床。

ⓐ工步辅助时间为 2 ~5 min。

ⓑ装卸时间为 2 ~8 min。

ⓒt_b时间为 t_j 的 11% ~12% 。

ⓓt_z时间为 50 ~120 min。

⑨拉床。

ⓐ工步辅助时间为 1 ~2 min。

ⓑ装卸时间为 0. 5 ~1 min。

ⓒt_b时间为 t_j 的 12% 。

ⓓt_z时间为 25 min。

4. 切削用量选择原则

（1）粗切，在选用较大的切削深度和进给量时，应选用较低的切削速度。

（2）精切，在选用较小的切削深度和进给量时，应选用较高的切削速度。

（3）在制定机械加工时间定额时，应选用中等偏上的切削用量来计算。

（4）当毛坯形状复杂、硬度较高、工件刚性差时，应选用较低的切削用量。

（5）同一种材质，热处理状态（表现为硬度和强度）改变时，切削用量和它的力学性能成反比，和它的导热系数成正比。

（6）同一材质，切削铸件应选用较低的切削速度，锻与热轧件应选用较高的切削速度。

（7）切削硬化现象严重的材料时，切削深度和进给量应大于硬化深度。

1.4 加工余量的选择

1.4.1 各类磨削加工余量

1. 平面类

厚度 4 mm 以上的平面磨削余量（单面）见表 1 –4。

表 1 –4 平面磨削余量（单面）

单位：mm

平面长度	平面宽度 200 及以下	平面宽度 200 以上
<100	0. 3	—
100 ~250	0. 45	—
251 ~500	0. 5	0. 6
501 ~800	0. 6	0. 65

注：①二次平面磨削余量乘以系数 1. 5。②三次平面磨削余量乘以系数 2。③厚度 4 mm 以上者单面余量不小于 0. 5 ~0. 8 mm。④橡胶模平板单面余量不小于 0. 7 mm。

2. 圆棒类

（1）工件的最大外径无公差要求，表面粗糙度值在 *Ra* 3.2 μm 以上，如不磨外圆的凹模，带台肩的凸模、凹模、凸凹模，以及推杆、限制器、托杆，各种螺钉、螺栓、螺塞、螺帽外径必须滚花的情况，毛坯加工余量见表 1－5。

表 1－5　圆棒类毛坯加工余量（无公差要求）

单位：mm

工件直径 D	工件长度 L					车刃的割刀量和车削两端面的余量（每件）
	≤70	71～120	121～200	201～300	301～450	
	直径上加工余量					
≤32	1	2	2	3	4	5～10
33～60	2	3	3	4	5	4～6
61～100	3	4	4	4	5	4～6
101～200	4	5	5	5	6	4～6

注：当 $D<36$ mm 时，不适合掉头加工，在加工单个工件时，应为工件长度 L 加上夹头量（10～15）mm。

（2）工件的最大外径有公差配合要求，表面粗糙度值在 *Ra* 1.6 μm 以下，如外圆需磨加工的凹模，挡料销肩台，需磨加工的凸模或凸凹模，等等，毛坯加工余量见表 1－6。

表 1－6　圆棒类毛坯加工余量（有公差要求）

单位：mm

工件直径 D	工件长度 L					车刃的割刀量和车削两端面的余量（每件）
	≤50	51～80	81～150	151～250	251～420	
	直径上加工余量					
≤15	3	3	4	4	5	5～10
16～32	3	4	4	5	6	5～10
33～60	4	4	5	6	6	5～8
61～100	5	5	5	6	7	5～8
101～200	6	6	6	7	7	5～8

注：当 $D<36$ mm 时，不适合掉头加工，在加工单个零件时，应为工件长度 L 加上夹头量（10～15）mm。

3. 圆形锻件类

不淬火钢表面粗糙度值在 *Ra* 3.2 μm 以上，无公差配合要求者，如固定板、退料板等，毛坯加工余量见表 1－7。

表 1－7　圆形锻件类毛坯加工余量

单位：mm

工件直径 D	工件长度 L									
	≤10		11～20		21～45		46～100		101～250	
	直径上加工余量	长度方向上加工余量	直径上加工余量	长度方向上加工余量	直径上加工余量	长度方向上加工余量	直径上加工余量	长度方向上加工余量	直径上加工余量	长度方向上加工余量
150～200	5	5	5	5	5	5	5	6	5	7
201～300	5	6	5	6	5	6	5	7	6	8
301～400	5	7	5	7	5	7	6	8	8	9
401～500	7	8	5	8	6	8	7	9	9	10
501～600	7	8	6	8	6	8	7	10	10	11

注：表中的加工余量为最小余量，其最大余量不得超过工厂规定标准。

4. 矩形锻件类

矩形锻件类毛坯加工余量见表 1－8。

表 1－8　矩形锻件类毛坯加工余量

单位：mm

工件直径 D	工件长度 L					
	≤100	101～250	251～320	321～450	451～600	601～800
	长度上加工余量					
	5	6	6	7	8	10
	工件截面上加工余量					
≤10	4	4	5	5	6	6
11～25	4	4	5	5	6	6
26～50	4	5	5	6	7	7
51～100	5	5	6	7	7	7
101～200	5	5	7	7	8	8
201～300	6	7	7	8	8	9
301～450	7	7	8	8	9	9
451～600	8	8	9	9	10	10

5. 平面、端面类

(1) 平面。

平面每面磨量见表 1－9，研磨平面加工余量见表 1－10。

表 1－9　平面每面磨量

单位：mm

宽度	厚度	工件长度 *L*			
		≤100	101～250	251～400	401～630
<200	≤18	0.30	0.40	—	—
	19～30	0.30	0.40	0.45	—
	31～50	0.40	0.40	0.45	0.50
	>50	0.40	0.40	0.45	0.50
>200	≤18	0.30	0.40	—	—
	19～30	0.35	0.40	0.45	—
	31～50	0.40	0.40	0.45	0.55
	>50	0.40	0.45	0.45	0.60

表 1－10　研磨平面加工余量

单位：mm

平面长度	平面宽度		
	≤25	>25～75	>75～150
≤25	0.005～0.007	0.007～0.010	0.010～0.014
25～75	0.007～0.010	0.010～0.014	0.014～0.020
75～150	0.010～0.014	0.014～0.020	0.020～0.024
150～260	0.014～0.018	0.020～0.024	0.024～0.030

（2）端面。

端面每面磨量见表 1－11。

表 1－11　端面每面磨量

单位：mm

工件直径 *D*	工件长度 *L*					
	≤18	19～50	51～120	121～260	261～500	>500
≤18	0.20	0.30	0.30	0.35	0.35	0.50
19～50	0.30	0.30	0.35	0.35	0.40	0.50
51～120	0.30	0.35	0.35	0.40	0.40	0.55
121～260	0.30	0.35	0.40	0.40	0.45	0.55
261～500	0.35	0.40	0.45	0.45	0.50	0.60
>500	0.40	0.40	0.50	0.50	0.60	0.70

注：①本表适用于淬火零件，不淬火零件每面磨量应适当减少 20% ~40%。

②粗加工的表面粗糙度值不应大于 *Ra* 3.2 μm。

③如需磨两次的零件，其磨量应适当增加 10% ~20%。

6. 环形工件

环形工件磨削加工余量见表 1 – 12。

表 1 – 12　环形工件磨削加工余量

单位：mm

工件直径	35、45、50 号钢		T8、T10A 钢		Cr12MoV 合金钢	
	外圆余量	内孔余量	外圆余量	内孔余量	外圆余量	内孔余量
6 ~ 10	0.25 ~ 0.50	0.30 ~ 0.35	0.35 ~ 0.60	0.25 ~ 0.30	0.30 ~ 0.45	0.20 ~ 0.30
11 ~ 20	0.30 ~ 0.55	0.40 ~ 0.45	0.40 ~ 0.65	0.35 ~ 0.40	0.35 ~ 0.50	0.30 ~ 0.35
21 ~ 30	0.30 ~ 0.55	0.50 ~ 0.60	0.45 ~ 0.70	0.35 ~ 0.45	0.40 ~ 0.50	0.30 ~ 0.40
31 ~ 50	0.30 ~ 0.55	0.60 ~ 0.70	0.55 ~ 0.75	0.45 ~ 0.60	0.50 ~ 0.60	0.40 ~ 0.50
51 ~ 80	0.35 ~ 0.60	0.80 ~ 0.90	0.65 ~ 0.85	0.50 ~ 0.65	0.60 ~ 0.70	0.45 ~ 0.55
81 ~ 120	0.35 ~ 0.80	1.00 ~ 1.20	0.70 ~ 0.90	0.55 ~ 0.75	0.65 ~ 0.80	0.50 ~ 0.65
121 ~ 180	0.50 ~ 0.90	1.20 ~ 1.40	0.75 ~ 0.95	0.60 ~ 0.80	0.70 ~ 0.85	0.55 ~ 0.70
181 ~ 260	0.60 ~ 1.00	1.40 ~ 1.60	0.80 ~ 1.00	0.65 ~ 0.85	0.75 ~ 0.90	0.60 ~ 0.75

注：①∅50 mm 以下，壁厚 10 mm 以上者，或长度为 100 ~ 300 mm 者，用上限。

②∅50 ~ 100 mm，壁厚 20 mm 以下者，或长度为 200 ~ 500 mm 者，用上限。

③∅100 mm 以上，壁厚 30 mm 以下者，或长度为 300 ~ 600 mm 者，用上限。

④长度超过以上界线者，上限乘以系数 1.3。

⑤加工粗糙度值不小于 *Ra* 6.4 μm，端面留磨量 0.5 mm。

7. 凹槽

凹槽加工余量及偏差见表 1 – 13。

表 1 – 13　凹槽加工余量及偏差

单位：mm

凹槽尺寸			宽度余量		宽度偏差	
长	深	宽	粗铣后半精铣	半精铣后磨	粗铣（IT12 ~ IT13）	半精铣（IT11）
≤80	≤60	>3 ~ 6	1.5	0.5	+0.12 ~ +0.18	+0.075
		>6 ~ 10	2.0	0.7	+0.15 ~ +0.22	+0.090
		>10 ~ 18	3.0	1.0	+0.18 ~ +0.27	+0.110
		>18 ~ 30	3.0	1.0	+0.21 ~ +0.33	+0.130
		>30 ~ 50	3.0	1.0	+0.25 ~ +0.39	+0.160
		>50 ~ 80	4.0	1.0	+0.30 ~ +0.46	+0.190
		>80 ~ 120	4.0	1.0	+0.35 ~ +0.54	+0.220

8. 导柱衬套

导柱衬套磨削加工余量见表 1 – 14。

表 1 – 14　导柱衬套磨削加工余量

单位：mm

衬套内径（导柱外径）	衬套		导柱
	外圆余量	内圆余量	外圆余量
25 ~ 32	0. 7 ~ 0. 8	0. 4 ~ 0. 50	0. 5 ~ 0. 65
40 ~ 50	0. 8 ~ 0. 9	0. 5 ~ 0. 65	0. 6 ~ 0. 75
60 ~ 80	0. 8 ~ 0. 9	0. 6 ~ 0. 75	0. 7 ~ 0. 90
100 ~ 120	0. 9 ~ 1. 0	0. 7 ~ 0. 85	0. 9 ~ 1. 05

9. 镗孔

镗孔加工余量见表 1 – 15。

表 1 – 15　镗孔加工余量

单位：mm

加工孔直径	材料							
	轻合金		巴氏合金		青铜及铸铁		钢件	
	粗加工	精加工	粗加工	精加工	粗加工	精加工	粗加工	精加工
	直径余量							
≤30	0. 2	0. 1	0. 3	0. 1	0. 2	0. 1	0. 2	0. 1
31 ~ 50	0. 3	0. 1	0. 4	0. 1	0. 3	0. 1	0. 2	0. 1
51 ~ 80	0. 4	0. 1	0. 5	0. 1	0. 3	0. 1	0. 2	0. 1
81 ~ 120	0. 4	0. 1	0. 5	0. 1	0. 3	0. 1	0. 3	0. 1
121 ~ 180	0. 5	0. 1	0. 6	0. 2	0. 4	0. 1	0. 3	0. 1
181 ~ 260	0. 5	0. 1	0. 6	0. 2	0. 4	0. 1	0. 3	0. 1
261 ~ 360	0. 5	0. 1	0. 6	0. 2	0. 4	0. 1	0. 3	0. 1

注：当一次镗削时，加工余量应该是粗加工余量加精加工余量。

1. 4. 2　不同余量对应的质量

常用加工方法的加工余量、加工精度及表面粗糙度见表 1 – 16。

表 1 – 16　常用加工方法的加工余量、加工精度及表面粗糙度

加工方法		本道工序经济加工余量（单面）/mm	经济加工精度	表面粗糙度 *Ra* /μm
刨削	半精刨	0. 8 ~ 1. 5	IT10 ~ IT12	6. 3 ~ 12. 5
	精刨	0. 2 ~ 0. 5	IT8 ~ IT9	3. 2 ~ 6. 3

续上表

加工方法		本道工序经济加工余量（单面）/mm	经济加工精度	表面粗糙度 *Ra* /μm
铣削	靠模铣	1 ~ 3	0. 04 mm	1. 6 ~ 6. 3
	粗铣	1 ~ 2. 5	IT10 ~ IT11	3. 2 ~ 12. 5
	精铣	0. 5	IT7 ~ IT9	1. 6 ~ 3. 2
车削	靠模车	0. 6 ~ 1	0. 24 mm	1. 6 ~ 3. 2
	成形车	0. 6 ~ 1	0. 1 mm	1. 6 ~ 3. 2
	粗车	1	IT11 ~ IT12	6. 3 ~ 12. 5
	半精车	0. 6	IT8 ~ IT10	1. 6 ~ 6. 3
	精车	0. 4	IT6 ~ IT7	0. 8 ~ 1. 6
	精细车、金刚车	0. 15	IT5 ~ IT6	0. 1 ~ 0. 8
钻		—	IT11 ~ IT14	6. 3 ~ 12. 5
扩	粗扩	1 ~ 2	IT12	6. 3 ~ 12. 5
	细扩	0. 1 ~ 0. 5	IT9 ~ IT10	1. 6 ~ 6. 3
铰	粗铰	0. 1 ~ 0. 15	IT9	3. 2 ~ 6. 3
	精铰	0. 05 ~ 0. 1	IT7 ~ IT8	0. 8
	细铰	0. 02 ~ 0. 05	IT6 ~ IT7	0. 2 ~ 0. 4
锪	无导向锪	—	IT11 ~ IT12	3. 2 ~ 12. 5
	有导向锪	—	IT9 ~ IT11	1. 6 ~ 3. 2
镗削	粗镗	1	IT11 ~ IT12	6. 3 ~ 12. 5
	半精镗	0. 5	IT8 ~ IT10	1. 6 ~ 6. 3
	高速镗	0. 05 ~ 0. 1	IT8	0. 4 ~ 0. 8
	精镗	0. 1 ~ 0. 2	IT6 ~ IT7	0. 8 ~ 1. 6
	精细镗、金刚镗	0. 05 ~ 0. 1	IT6	0. 2 ~ 0. 8
磨削	粗磨	0. 25 ~ 0. 5	IT7 ~ IT8	3. 2 ~ 6. 3
	半精磨	0. 1 ~ 0. 2	IT7	0. 8 ~ 1. 6
	精磨	0. 05 ~ 0. 1	IT6 ~ IT7	0. 2 ~ 0. 8
	细磨、超精磨	0. 005 ~ 0. 05	IT5 ~ IT6	0. 025 ~ 0. 1
	仿形磨	0. 1 ~ 0. 3	0. 01 mm	0. 2 ~ 0. 8
	成形磨	0. 1 ~ 0. 3	0. 01 mm	0. 2 ~ 0. 8
	坐标镗	0. 1 ~ 0. 3	0. 01 mm	0. 2 ~ 0. 8
	珩磨	0. 005 ~ 0. 03	IT6	0. 05 ~ 0. 4
钳工画线		—	0. 25 ~ 0. 5 mm	

续上表

加工方法		本道工序经济加工余量（单面）/mm	经济加工精度	表面粗糙度 $Ra/\mu m$
钳工研磨		0.002～0.015	IT5～IT6	0.025～0.05
钳工抛光	粗抛	0.05～0.15	—	0.2～0.8
	细抛、镜面抛	0.005～0.01	—	0.001～0.1
电火花成型加工		—	0.05～0.1 mm	1.25～2.5
电火花线切割		—	0.005～0.01 mm	1.25～2.5
电解成型加工		—	±（0.05～0.2）mm	0.8～3.2
电解抛光		0.1～0.15	—	0.025～0.8
电解磨削		0.1～0.15	IT6～IT7	0.025～0.8
照相腐蚀		0.1～0.4	—	0.1～0.8
超声抛光		0.02～0.1	—	0.01～0.1
磨料流动抛光		0.02～0.1	—	0.01～0.1
冷挤压		—	IT7～IT8	0.08～0.32

注：经济加工余量是指本道工序比较合理、经济的加工余量。本道工序加工余量要视加工基本尺寸、工件材料、热处理状况、前道工序的加工结果等具体情况而定。

1.4.3 加工余量的参考

（1）模锻件内外表面加工余量见表1－17。

表1－17 模锻件内外表面加工余量

锻件重量/kg	锻件内外表面加工余量/mm							
	厚度（直径）方向	水平方向						
		>0～315	>315～400	>400～630	>630～800	>800～1 250	>1 250～1 600	>1 600～2 500
>0～0.4	1.0～1.5	1.0～1.5	1.5～2.0	2.0～2.5	—	—	—	—
>0.4～1.0	1.5～2.0	1.5～2.0	1.5～2.0	2.0～2.5	2.0～3.0	—	—	—
>1.0～1.8	1.5～2.0	1.5～2.0	1.5～2.0	2.0～2.7	2.0～3.0	—	—	—
>1.8～3.2	1.7～2.2	1.7～2.2	2.0～2.5	2.0～2.7	2.0～3.0	2.5～3.5	—	—

续上表

锻件重量/kg	锻件内外表面加工余量/mm							
	厚度（直径）方向	水平方向						
		>0~315	>315~400	>400~630	>630~800	>800~1 250	>1 250~1 600	>1 600~2 500
>3.2~5.0	1.7~2.2	1.7~2.2	2.0~2.5	2.0~2.7	2.5~3.5	2.5~4.0	—	—
>5.0~10.0	2.0~2.5	2.0~2.5	2.0~2.5	2.3~3.0	2.5~3.5	2.7~4.0	3.0~4.5	—
>10.0~20.0	2.0~2.5	2.0~2.5	2.0~2.7	2.3~3.0	2.5~3.5	2.7~4.0	3.0~4.5	—
>20.0~50.0	2.3~3.0	2.0~3.0	2.5~3.0	2.5~3.5	2.7~4.0	3.0~4.5	3.5~4.5	—
>50.0~150.0	2.6~3.2	2.5~3.5	2.5~3.5	2.7~3.5	2.7~4.0	3.0~4.5	3.5~4.5	4.0~5.5
>150.0~250.0	3.0~4.0	2.5~3.5	2.5~3.5	2.7~4.0	3.0~4.5	3.0~4.5	3.5~5.0	4.0~5.5
—	3.5~4.5	2.7~3.5	2.7~3.5	3.0~4.0	3.0~4.5	3.5~5.0	4.0~5.0	4.5~6.0
—	4.5~5.5	2.7~4.0	3.0~4.0	3.0~4.5	3.5~4.5	3.5~5.0	4.0~5.5	4.5~6.0

注：本表适用于在热模锻压机、模锻锤、平锻机及螺旋压力机上生产的模锻件。

例：锻件重为 3 kg，在 1 600 t 热模锻压机上生产，零件无磨削精加工工序，锻件复杂系数 S 为 3，长度为 480 mm 时，查出该零件余量是：厚度方向为 1.7~2.2 mm，水平方向为 2.0~2.7 mm。

（2）粗车外圆后半精车余量见表 1-18。

表 1-18　粗车外圆后半精车余量

单位：mm

轴径	长度 L					
	≤100	>100~250	>250~500	>500~800	>800~1 200	>1 200~2 000
≤10	0.8	0.9	1.0	—	—	—
>10~18	0.9	0.9	1.0	1.1	—	—
>18~30	0.9	1.0	1.1	1.3	1.4	—
>30~50	1.0	1.0	1.1	1.3	1.5	1.7
>50~80	1.1	1.1	1.2	1.4	1.5	1.8
>80~120	1.1	1.2	1.2	1.4	1.6	1.9
>120~180	1.2	1.2	1.3	1.5	1.7	2.0
>180~260	1.3	1.3	1.4	1.8	1.8	2.0
>260~360	1.3	1.4	1.5	1.7	1.9	2.1
>360~500	1.4	1.5	1.5	1.7	1.9	2.2

（3）金刚石刀精车外圆加工余量见表1－19。

表1－19　金刚石刀精车外圆加工余量

单位：mm

零件材料	零件基本尺寸	直径加工余量
轻合金	≤100 >100	0.3 0.5
青铜及铸铁	≤100 >100	0.3 0.4
钢	≤100 >100	0.2 0.3

注：①如果采用两次车削（半精车及精车），则精车的加工余量为0.1 mm。
②精车前零件加工的公差按H8，H9决定。
③本表所列的加工余量适用于零件的长度和直径比不超过3∶1。超过此限时，加工余量应适当加大。

（4）外圆磨削余量见表1－20。

表1－20　外圆磨削余量

单位：mm

轴径	热处理状态	长度		
		≤100	>100～250	>250～500
≤10	未淬硬 淬　硬	0.2 0.3	0.2 0.3	0.3 0.4
>10～18	未淬硬 淬　硬	0.2 0.3	0.3 0.3	0.3 0.4
>18～30	未淬硬 淬　硬	0.3 0.3	0.3 0.4	0.3 0.4
>30～50	未淬硬 淬　硬	0.3 0.4	0.3 0.4	0.4 0.5
>50～80	未淬硬 淬　硬	0.3 0.4	0.4 0.5	0.4 0.5
>80～120	未淬硬 淬　硬	0.4 0.5	0.4 0.5	0.5 0.6
>120～180	未淬硬 淬　硬	0.5 0.5	0.5 0.6	0.6 0.7
>180～260	未淬硬 淬　硬	0.5 0.6	0.6 0.7	0.6 0.7

（5）端面精车及磨削余量见表1－21。

表1－21　端面精车及磨削余量

单位：mm

轴径	零件全长											
	≤18		>18～50		>50～120		>120～260		>260～500		>500	
	精车	磨削	精车	磨削	精车	磨削	精车	磨削	精车	磨削	精车	磨削
≤30	0.5	0.2	0.6	0.3	0.7	0.3	0.8	0.4	1.0	0.5	1.2	0.6
>30～50	0.5	0.3	0.6	0.3	0.7	0.4	0.8	0.4	1.0	0.5	1.2	0.6
>50～120	0.7	0.3	0.7	0.3	0.8	0.4	1.0	0.5	1.2	0.6	1.2	0.6
>120～260	0.8	0.4	0.8	0.4	1.0	0.5	1.0	0.5	1.2	0.6	1.4	0.7
>260～500	1.0	0.5	1.0	0.5	1.2	0.5	1.2	0.6	1.4	0.7	1.5	0.7
>500	1.2	0.6	1.2	0.6	1.4	0.6	1.4	0.7	1.5	0.8	1.7	0.8

（6）研磨外圆加工余量见表1－22。

表1－22　研磨外圆加工余量

单位：mm

零件基本尺寸	直径余量	零件基本尺寸	直径余量
≤10	0.005～0.008	>50～80	0.008～0.012
>10～18	0.006～0.009	>80～120	0.010～0.014
>18～30	0.007～0.010	>120～180	0.012～0.016
>30～50	0.008～0.011	>180～250	0.015～0.020

（7）抛光外圆加工余量见表1－23。

表1－23　抛光外圆加工余量

单位：mm

零件基本尺寸	≤100	>100～200	>200～700	>700
直径余量	0.1	0.3	0.4	0.5

1.4.4　孔的加工余量及精度

1．7级精度孔的加工方法

基孔制7级精度（H7）孔的加工方法见表1－24。

表 1－24　基孔制 7 级精度（H7）孔的加工方法

单位：mm

零件基本尺寸	直径					
	钻		用车刀镗之后	扩孔钻	粗铰	精铰
	第一次	第二次				
3	2.9	—	—	—	—	3H7
4	3.9	—	—	—	—	4H7
6	4.8	—	—	—	—	5H7
8	5.8	—	—	—	—	6H7
8	7.8	—	—	—	7.96	8H7
10	9.8	—	—	—	9.96	10H7
12	11.0	—	—	11.85	11.95	12H7
13	12.0	—	—	12.85	12.95	13H7
14	13.0	—	—	13.85	13.95	14H7
15	14.0	—	—	14.85	14.95	15H7
16	15.0	—	—	15.85	15.95	16H7
18	17.0	—	—	17.85	17.94	18H7
20	18.0	—	19.8	19.8	19.94	20H7
22	20.0	—	21.8	21.8	21.94	22H7
24	22.0	—	23.8	23.8	23.94	24H7
25	23.0	—	24.8	24.8	24.94	26H7
26	24.0	—	25.8	25.8	25.94	26H7
28	26.0	—	27.8	27.8	27.94	28H7
30	15.0	28.0	29.8	27.8	29.93	30H7
32	15.0	30.0	31.7	31.75	31.93	32H7
35	20.0	33.0	34.7	34.7	34.93	35H7
38	20.0	36.0	37.7	37.7	37.93	38H7
40	25.0	38.0	39.7	39.7	39.93	40H7
42	25.0	40.0	41.7	41.7	41.93	42H7
45	25.0	43.0	44.7	44.7	44.93	45H7
48	25.0	46.0	47.7	47.75	47.93	48H7
50	25.0	48.0	49.9	49.75	49.93	50H7
60	30.0	55.0	59.5	59.5	59.9	60H7
70	30.0	65.0	69.5	69.5	69.9	70H7
80	30.0	75.0	79.5	79.5	79.9	80H7

续上表

零件基本尺寸	直径					
	钻		用车刀镗之后	扩孔钻	粗铰	精铰
	第一次	第二次				
90	30.0	80	89.3	—	89.9	90H7
100	30.0	80.0	99.3	—	99.8	100H7
120	30.0	80.0	119.3	—	119.8	120H7
140	30.0	80.0	139.3	—	139.8	140H7
160	30.0	80.0	159.3	—	159.8	160H7
180	30.0	80.0	179.3	—	179.8	180H7

2. 7～8级精度孔的加工方法

7～8级精度加工预先铸出或热冲出的孔的加工方法见表1－25。

表1－25 7～8级精度加工预先铸出或热冲出的孔的加工方法

单位：mm

加工孔的直径	直径					
	粗镗		精镗		粗铰	精铰（H6或H8，H9）
	第一次	第二次	镗后直径	按照H11公差		
30	—	28.0	29.8	+0.13	29.93	30
32	—	30.0	31.7	+0.16	31.93	32
35	—	33.0	34.7	+0.16	34.93	35
38	—	36.0	37.7	+0.16	37.93	38
40	—	38.0	39.7	+0.16	39.93	40
42	—	40.0	41.7	+0.16	41.93	42
45	—	43.0	44.7	+0.16	44.93	45
48	—	46.0	47.7	+0.16	47.93	48
50	45.0	48.0	49.7	+0.16	49.93	50
52	47.0	50.0	51.5	+0.19	51.92	52
55	51.0	53.0	54.5	+0.19	54.92	55
58	54.0	56.0	57.5	+0.19	57.92	58
60	56.0	58.0	59.5	+0.19	59.92	60
62	58.0	60.0	61.5	+0.19	61.92	62
65	61.0	63.0	64.5	+0.19	64.92	65
68	64.0	66.0	67.5	+0.19	67.90	68
70	66.0	68.0	69.5	+0.19	69.90	70
72	68.0	70.0	71.5	+0.19	71.90	72

续上表

加工孔的直径	直径					
	粗镗		精镗		粗铰	精铰（H6或H8，H9）
	第一次	第二次	镗后直径	按照H11公差		
75	71.0	73.0	74.5	+0.19	74.90	75
78	74.0	76.0	77.5	+0.19	77.90	78
80	75.0	78.0	79.5	+0.19	79.90	80
82	77.0	80.0	81.3	+0.22	81.85	82
85	80.0	83.0	84.3	+0.22	84.85	85
88	83.0	86.0	87.3	+0.22	87.85	88
90	85.0	88.0	89.3	+0.22	89.85	90
92	87.0	90.0	91.3	+0.22	91.85	92
95	90.0	93.0	94.3	+0.22	94.85	95
98	93.0	96.0	97.3	+0.22	97.85	98
100	95.0	98.0	99.3	+0.22	99.85	100
105	100.0	103.0	104.3	+0.22	104.8	105
110	105.0	108.0	109.3	+0.22	109.8	110
115	110.0	113.0	114.3	+0.22	114.8	115
120	115.0	118.0	119.3	+0.22	119.8	120
125	120.0	123.0	124.3	+0.25	124.8	125
130	125.0	128.0	129.3	+0.25	129.8	130
135	130.0	133.0	134.3	+0.25	134.8	135
140	135.0	138.0	139.3	+0.25	139.8	140
145	140.0	143.0	144.3	+0.25	144.8	145
150	145.0	148.0	149.3	+0.25	149.8	150
155	150.0	153.0	154.0	+0.25	154.8	155
160	155.0	158.0	159.3	+0.25	159.8	160
165	160.0	163.0	164.3	+0.25	164.8	165
170	165.0	168.0	169.3	+0.25	169.8	170
175	170.0	173.0	174.3	+0.25	174.8	175
180	175.0	178.0	179.3	+0.25	179.8	180
185	180.0	183.0	184.3	+0.29	184.8	185
190	185.0	188.0	189.3	+0.29	189.8	190
195	190.0	193.0	194.3	+0.29	194.8	195
200	194.0	197.0	199.3	+0.29	199.8	200
210	204.0	207.0	—	—	—	—

3. 8～9级精度孔的加工方法

基孔制8～9级精度（H8，H9）孔的加工方法见表1－26。

表1－26 基孔制8～9级精度（H8，H9）孔的加工方法

单位：mm

零件基本尺寸	直径				
	钻		用车刀镗以后	扩孔钻	铰
	第一次	第二次			
3	2.9	—	—	—	3H8，H9
4	3.9	—	—	—	4H8，H9
5	4.8	—	—	—	5H8，H9
6	5.8	—	—	—	6H8，H9
8	7.8	—	—	—	8H8，H9
10	9.8	—	—	—	10H8，H9
12	11.8	—	—	—	12H8，H9
13	12.8	—	—	—	13H8，H9
14	13.8	—	—	—	14H8，H9
15	14.8	—	—	—	15H8，H9
16	15.0	—	—	15.85	16H8，H9
18	17.0	—	—	17.85	18H8，H9
20	18.0	—	19.8	19.8	20H8，H9
22	20.0	—	21.8	21.8	22H8，H9
24	22.0	—	23.8	23.8	24H8，H9
25	23.0	—	24.8	24.8	25H8，H9
26	24.0	—	25.8	25.8	26H8，H9
28	26.0	—	27.8	27.8	28H8，H9
30	15.0	28.0	29.8	29.85	30H8，H9
32	15.0	30.0	31.7	31.75	32H8，H9
35	20.0	33.0	34.7	34.75	35H8，H9
38	20.0	36.0	37.7	37.75	38H8，H9
40	25.0	38.0	39.7	39.75	40H8，H9
42	25.0	40.0	41.7	41.75	42H8，H9
45	25.0	43.0	44.7	44.75	45H8，H9
48	25.0	46.0	47.7	47.75	48H8，H9
50	25.0	48.0	49.7	49.75	50H8，H9
60	30.0	55.0	59.5	—	60H8，H9

续上表

零件基本尺寸	直径				
	钻		用车刀镗以后	扩孔钻	铰
	第一次	第二次			
70	30.0	65.0	69.5	—	70H8，H9
80	30.0	75.0	79.5	—	80H8，H9
90	30.0	80.0	89.3	—	90H8，H9
100	30.0	80.0	99.3	—	100H8，H9
120	30.0	80.0	119.3	—	120H8，H9
140	30.0	80.0	139.3	—	140H8，H9
160	30.0	80.0	159.3	—	160H8，H9
180	30.0	80.0	179.3	—	180H8，H9

4. 磨孔的加工余量

磨孔的加工余量见表1－27。

表1－27 磨孔的加工余量

单位：mm

孔径	热处理状态	孔的长度			
		≤50	>50～100	>100～200	>200～300
≤10	未淬硬 淬硬	0.2 0.2	—	—	—
>10～18	未淬硬 淬硬	0.2 0.3	0.3 0.4	—	—
>18～30	未淬硬 淬硬	0.3 0.3	0.3 0.4	0.4 0.4	—
>30～50	未淬硬 淬硬	0.3 0.4	0.3 0.4	0.4 0.4	—
>50～80	未淬硬 淬硬	0.4 0.4	0.4 0.5	0.4 0.5	—
>80～120	未淬硬 淬硬	0.5 0.5	0.5 0.5	0.5 0.6	0.5 0.6
>120～180	未淬硬 淬硬	0.6 0.6	0.6 0.6	0.6 0.6	0.6 0.6
>180～260	未淬硬 淬硬	0.6 0.7	0.6 0.7	0.7 0.7	0.7 0.7

5. 金刚石刀精镗孔加工余量

金刚石刀精镗孔加工余量见表 1－28。

表 1－28　金刚石刀精镗孔加工余量

单位：mm

<table>
<tr><th rowspan="3">孔基本尺寸</th><th colspan="8">直径余量</th><th colspan="2">上一工序偏差</th></tr>
<tr><th colspan="2">轻合金</th><th colspan="2">巴氏合金</th><th colspan="2">青铜及铸铁</th><th colspan="2">铜</th><th rowspan="2">镗孔前偏差（H10）</th><th rowspan="2">粗镗偏差（H8，H9）</th></tr>
<tr><th>粗镗</th><th>精镗</th><th>粗镗</th><th>精镗</th><th>粗镗</th><th>精镗</th><th>粗镗</th><th>精镗</th></tr>
<tr><td>≤30</td><td>0. 2</td><td rowspan="8">0. 1</td><td>0. 3</td><td rowspan="4">0. 1</td><td>0. 2</td><td rowspan="8">0. 1</td><td rowspan="3">0. 2</td><td rowspan="8">0. 1</td><td>+0. 084</td><td>+0. 033 ~ +0. 052</td></tr>
<tr><td>>30 ~ 50</td><td>0. 3</td><td>0. 4</td><td rowspan="3">0. 3</td><td>+0. 10</td><td>+0. 039 ~ +0. 062</td></tr>
<tr><td>>50 ~ 80</td><td rowspan="2">0. 4</td><td rowspan="2">0. 5</td><td>+0. 12</td><td>+0. 046 ~ +0. 074</td></tr>
<tr><td>>80 ~ 120</td><td rowspan="5">0. 3</td><td>+0. 14</td><td>+0. 054 ~ +0. 087</td></tr>
<tr><td>>120 ~ 180</td><td rowspan="4">0. 5</td><td rowspan="4">0. 6</td><td rowspan="4">0. 2</td><td rowspan="4">0. 4</td><td>+0. 15</td><td>+0. 063 ~ +0. 10</td></tr>
<tr><td>>180 ~ 250</td><td>+0. 185</td><td>+0. 072 ~ +0. 115</td></tr>
<tr><td>>250 ~ 315</td><td>+0. 21</td><td>+0. 081 ~ +0. 13</td></tr>
<tr><td>>315 ~ 400</td><td>+0. 23</td><td>+0. 089 ~ +0. 14</td></tr>
</table>

6. 珩磨孔

珩磨孔加工余量见表 1－29。

表 1－29　珩磨孔加工余量

单位：mm

<table>
<tr><th rowspan="3">孔基本尺寸</th><th colspan="6">直径余量</th><th rowspan="3">珩磨前偏差（H7）</th></tr>
<tr><th colspan="2">精镗后</th><th colspan="2">半精镗后</th><th colspan="2">磨后</th></tr>
<tr><th>铸铁</th><th>钢</th><th>铸铁</th><th>钢</th><th>铸铁</th><th>钢</th></tr>
<tr><td>≤50</td><td>0. 09</td><td>0. 06</td><td>0. 09</td><td>0. 07</td><td>0. 08</td><td>0. 05</td><td>+0. 025</td></tr>
<tr><td>>50 ~ 80</td><td>0. 10</td><td>0. 07</td><td>0. 10</td><td>0. 08</td><td>0. 09</td><td>0. 05</td><td>+0. 030</td></tr>
<tr><td>>80 ~ 120</td><td>0. 11</td><td>0. 08</td><td>0. 11</td><td>0. 09</td><td>0. 10</td><td>0. 06</td><td>+0. 035</td></tr>
<tr><td>>120 ~ 180</td><td>0. 12</td><td>0. 09</td><td>0. 12</td><td>—</td><td>0. 11</td><td>0. 07</td><td>+0. 040</td></tr>
<tr><td>>180 ~ 260</td><td>0. 12</td><td>0. 09</td><td>—</td><td>—</td><td>0. 12</td><td>0. 08</td><td>+0. 046</td></tr>
</table>

7. 研磨孔

（1）∅6 mm 以下小孔研磨量见表 1－30。

表 1－30　∅6 mm 以下小孔研磨量

材　料	直径上留研磨量/mm
45 号钢	0.05～0.06
T10A	0.015～0.025
Cr12MoV	0.01～0.02

注：①本表只适用于淬火件。
②应按孔的最小极限尺寸来留研磨量。
③淬火前小孔粗糙度值应小于 *Ra* 1.6 μm。
④当孔长度小于 15 mm 时，表中直径上留研磨量数值应加大 20%～30%。

（2）研磨孔加工余量见表 1－31。

表 1－31　研磨孔加工余量

单位：mm

孔基本尺寸	铸铁	钢
>6～25	0.01～0.02	0.005～0.15
>25～125	0.02～0.10	0.010～0.40
>125～300	0.08～0.16	0.020～0.50
>300～500	0.12～0.20	0.040～0.60

8. 拉孔

拉孔加工余量见表 1－32。

表 1－32　拉孔加工余量（用于 H7～H11 级精度孔）

单位：mm

孔基本尺寸	拉孔长度			上一工序偏差（H11）
	16～25	25～45	45～120	
	直径余量			
10～18	0.5	0.5	—	+0.11
>18～30	0.5	0.5	0.5	+0.13
>30～38	0.5	0.7	0.7	+0.16
>38～50	0.7	0.7	1.0	+0.16
>50～60	—	1.0	1.0	+0.19

9. 多边形孔拉削

多边形孔拉削余量见表1－33。

表1－33　多边形孔拉削余量

单位：mm

孔内最大边长	余量	预知加工尺寸上偏差
10～18	0.8	+0.24
>18～30	1.0	+0.28
>30～50	1.2	+0.34
>50～80	1.5	+0.40
>80～120	1.8	+0.46

10. 花键孔拉削

花键孔拉削余量见表1－34。

表1－34　花键孔拉削余量

花键规格		定心方式	
键数 z	外径/mm	外径定心余量/mm	内径定心余量/mm
6	35～42	0.4～0.5	0.7～0.8
6	45～50	0.5～0.6	0.8～0.9
6	55～90	0.6～0.7	0.9～1.0
10	30～42	0.4～0.5	0.7～0.8
10	45	0.5～0.6	0.8～0.9
16	38	0.4～0.5	0.7～0.8
16	50	0.5～0.6	0.8～0.9

11. 单刃钻后深孔

单刃钻后深孔加工余量见表1－35。

表1－35　单刃钻后深孔加工余量

单位：mm

孔基本尺寸	钻孔深度											
	加工后经热处理						加工后不经热处理					
	≤1 000	>1 000～2 000	>2 000～3 000	>3 000～5 000	>5 000～7 000	>7 000～10 000	≤1 000	>1 000～2 000	>2 000～3 000	>3 000～5 000	>5 000～7 000	<7 000～10 000
>35～100	4	6	8	10	—	—	2	4	6	8	—	—
>100～180	4	6	8	10	12	14	2	4	6	8	10	12
>180～400	—	—	—	12	14	16	—	—	—	—	12	14

12. 刨孔

刨孔加工余量见表1－36。

表1－36 刨孔加工余量

单位：mm

孔基本尺寸	孔长度			
	≤100	＞100～200	＞200～300	＞300
	直径余量			
≤10～80	0.05	0.08	0.12	—
＞80～180	0.10	0.15	0.20	0.30
＞180～360	0.15	0.20	0.25	0.30
＞360	0.20	0.25	0.30	0.35

13. 攻螺纹前钻孔

（1）攻螺纹前钻孔及麻花钻直径见表1－37。

表1－37 攻螺纹前钻孔及麻花钻直径

单位：mm

普通螺纹					麻花钻直径
基本直径	螺距	内螺纹小径			
		5H	6H	7H	
1.0	0.25	0.785	—	—	0.75
1.1		0.885			0.85
1.2		0.985			0.95
1.4	0.3	1.142	1.160	—	1.10
1.6	0.35	1.301	1.321	—	1.25
1.8		1.501	1.521		1.45
2.0	0.4	1.657	1.679	—	1.60
2.2	0.45	1.813	1.838	—	1.75
2.5		2.113	2.138		2.05
3.0	0.5	2.571	2.599	2.639	2.50
3.5	0.6	2.975	3.010	3.050	2.90
4.0	0.7	3.382	3.422	3.465	3.30
4.5	0.75	3.838	3.878	3.924	3.70
5.0	0.8	4.294	4.334	4.384	4.20
6.0	1.0	5.107	5.153	5.217	5.00
7.0	1.0	6.107	6.153	6.217	6.00
8.0	1.25	6.859	6.912	6.982	6.80

（5）平面加工余量见表 1－38。

表 1－38　平面加工余量

单位：mm

加工工序	加工长度	加工宽度		
		≤100	>100～300	>300～1000
粗加工后精刨或精铣	≤300	1.0	1.5	2.0
	>300～1 000	1.5	2.0	2.5
	>1 000～2 000	2.0	2.5	3.0
精铣或精刨后磨削	≤300	0.2～0.3	0.25～0.4	—
	>300～1 000	0.25～0.4	0.3～0.5	0.4～0.6
	>1 000～2 000	0.3～0.5	0.4～0.6	0.4～0.7
刮研	≤300	0.15	0.15	0.20
	>300～1 000	0.20	0.20	0.25
	>1 000～2 000	0.25	0.25	0.30

（3）凹槽加工余量及偏差见表 1－39。

表 1－39　凹槽加工余量及偏差

单位：mm

凹槽尺寸			宽度余量		宽度偏差	
长	深	宽	粗铣后半精铣	半精铣后磨削	粗铣（IT12～IT13）	半精铣（IT11）
≤80	≤60	>3～6	1.5	0.5	+0.12～+0.18	+0.075
		>6～10	2.0	0.7	+0.15～+0.22	+0.09
		>10～18	3.0	1.0	+0.18～+0.27	+0.11
		>18～30	3.0	1.0	+0.21～+0.33	+0.13
		>30～50	3.0	1.0	+0.25～+0.39	+0.16
		>50～80	4.0	1.0	+0.30～+0.46	+0.19
		>80～120	4.0	1.0	+0.35～+0.54	+0.22

1.5　机床及工艺装备的选择

1.5.1　机床的选择

（1）机床的加工尺寸范围应与工件的外廓尺寸相适应。

（2）机床的工作精度应与工序要求的精度相适应。

（3）机床的生产率应与工件的生产类型相适应。

（4）机床的选择应考虑工厂的现有设备条件。如果工件尺寸太大，精度要求过高，没有相应设备可供选择时，就需改装设备或设计专用机床。

1.5.2 机床类型

1. 机床的分类

金属切削机床可按不同的分类方法划分为多种类型。

（1）按加工方式或加工对象划分，可分为车床、钻床、镗床、磨床、齿轮加工机床、螺纹加工机床、花键加工机床、铣床、刨床、插床、拉床、特种加工机床、锯床和刻线机等。

（2）按工件大小或机床重量划分，可分为仪表机床、中小型机床、大型机床、重型机床和超重型机床。

（3）按加工精度划分，可分为普通精度机床、精密机床和高精度机床。

（4）按自动化程度划分，可分为手动操作机床、半自动机床和自动机床。

（5）按机床的自动控制方式划分，可分为仿形机床、程序控制机床、数字控制机床、适应控制机床、加工中心的机床和柔性制造系统的机床。

（6）按机床的适用范围划分，可分为通用机床和专用机床。

2. 车床的主要功能

车床主要用于加工各种回转表面和回转体的端面。如车削内外圆柱面、圆锥面、环槽及成形回转表面，车削端面及各种常用的螺纹，配有工艺装备还可加工各种特形面。在车床上还能做钻孔、扩孔、铰孔、滚花等工作。

（1）车床的用途与型号。

车床适用于加工各种轴类、套筒类和盘类零件上的回转表面，如内外圆柱面、圆锥面及成形回转表面，车削端面及各种常用的公制、英制、模数制和径节制螺纹。

车床按照用途和功能不同，可分为卧式车床、立式车床、落地车床和转塔车床等多种类型，如图 1－1 所示。

①卧式车床：可用钻头、扩孔钻、铰刀、丝锥、板牙和滚花工具等进行相应的加工，通用性极高，适用于各种机械加工型企业。

②立式车床：可进行内外圆柱体、圆锥面、端平面、沟槽、倒角等加工，适用于加工直径大而长度短的重型零件。

③落地车床：能够车削各种零件的内外圆柱面、端面、圆弧等成型表面，适用于加工各种轮胎模具及大平面盘类、环类零件。

④转塔车床：多用于仪器仪表类零件加工，可以定位尺寸，效率高。

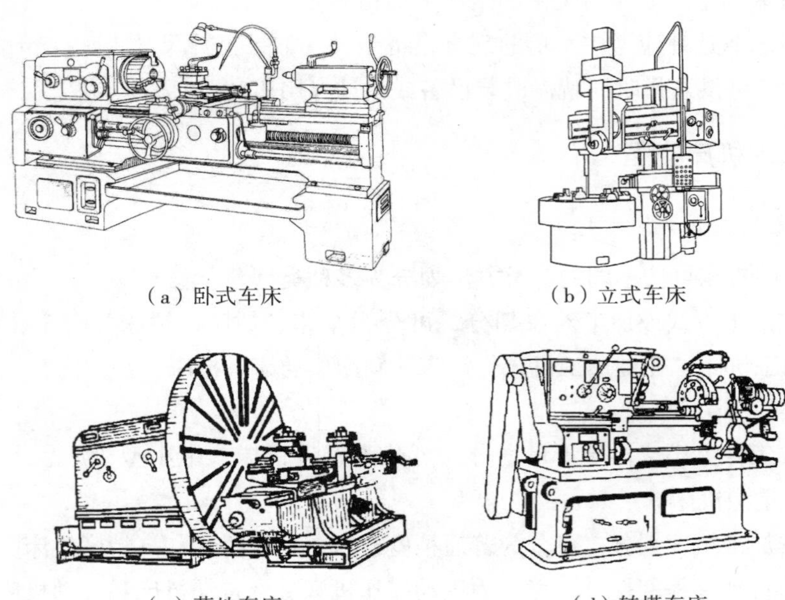

（a）卧式车床　　（b）立式车床

（c）落地车床　　（d）转塔车床

图 1－1　车床类型

通用车床型号表示方法如下：

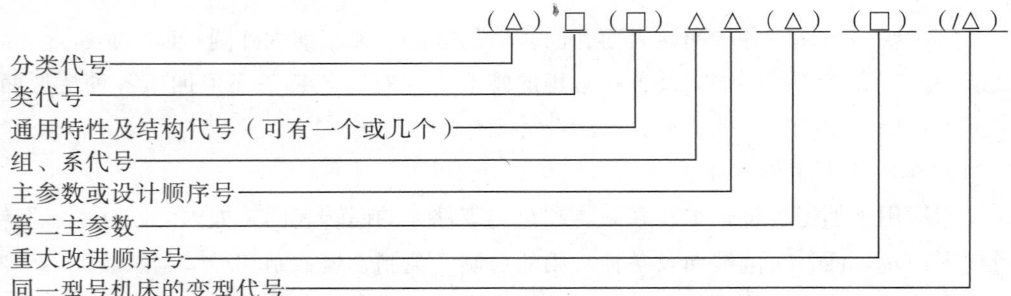

注：△—阿拉伯数字；□—大写汉语拼音字母；（　）—无内容不写，有内容时去掉括号。

如型号 CA6140 中，C 为类代号，表示车床；A 为通用特性及结构代号，以区别 C6140 和 CY6140；61 说明该机床属于车床类 6 组 1 系；40 为该车床的主参数，表示最大加工直径是 400 mm。无第二主参数、重大改进顺序号及变型号。

下面主要介绍最常用的 CA6140 车床。

（2）CA6140 车床的组成与技术性能。

如图 1－2 所示的卧式车床为 CA6140 车床，主要组成部件有：

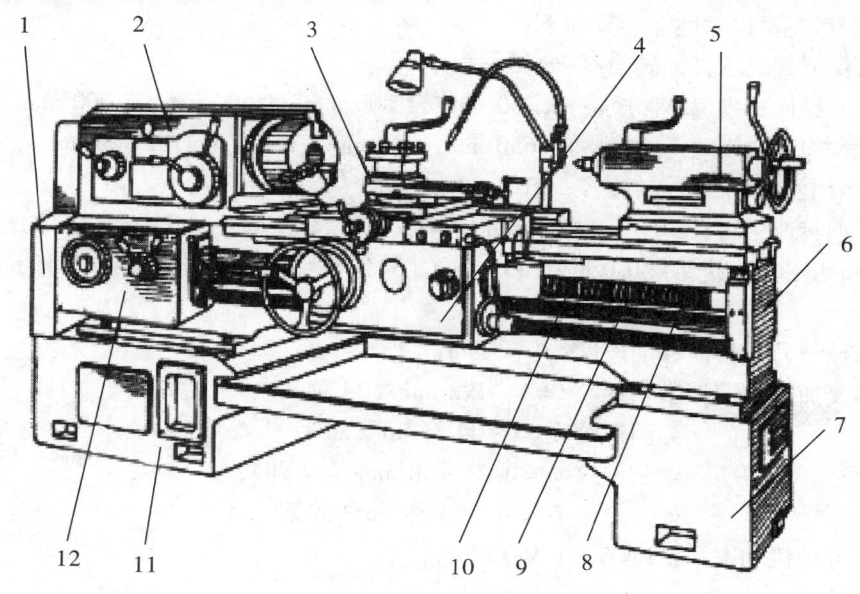

图 1－2　CA6140 车床

1—挂轮箱；2—主轴箱；3—刀架；4—溜板箱；5—尾座；6—床身导轨；7—后床脚；8—丝杆；9—光杆；10—操纵杆；11—前床脚；12—进给箱

①挂轮箱：用来将主轴的回转运动传递到进给箱。更换箱内的齿轮，配合进给箱变速机构，可以得到车削各种螺距的螺纹的进给运动，并满足车削时对不同纵、横向进给量的需求。

②主轴箱：支撑主轴并带动工件做回转运动。箱内装有齿轮、轴等零件，组成变速传动机构，变换箱外手柄位置，可使主轴得到多种不同的转速。

③刀架部分：由床鞍、两层滑板和刀架体共同组成，用于装夹车刀并带动车刀做纵向、横向和斜向运动。

④溜板箱：接受光杆传递的运动，驱动床鞍和中、小滑板及刀架实现车刀的纵横进给运动。溜板箱上装有一些微手柄和按钮，可以方便地操纵车床选择诸如机动、手动、车螺纹及快速移动等运动方式。

⑤床身：是车床的大型基础部件，用来支撑和连接车床的各个部件。床身上面有两条精确的导轨，床鞍和尾座可沿着导轨移动。

⑥尾座：安装在床身导轨上，可沿着导轨纵向移动，以调整工件工作位置。尾座主要用于安装后顶尖，以支撑较长的工件，也可以安装钻头、铰刀等切削刀具进行孔加工。

⑦前后床脚：床身前后两个床脚分别与床身前后两端下部连为一体，用以支撑床身及安装在床身上的各个部件。

⑧进给箱：是进给传动系统的变速机构。它把交换齿轮箱传递来的运动，经过变速后传递给丝杆，以实现各种螺纹的车削或机动进给。

CA6140 主要技术性能参数如下：

①床身上最大工件回转直径：400 mm。

②最大工件长度（4 种规格）：750 mm，1 000 mm，1 500 mm，2 000 mm。

③最大加工长度（4 种规格）：650 mm，900 mm，1 400 mm，1 900 mm。

④刀架上最大工件回转直径：210 mm。

⑤主轴转速：正转 10 ~ 1 400 r/min（24 级），反转 14 ~ 1 580 r/min（12 级）。

⑥进给量：纵向进给量 0. 028 ~ 6. 33 mm/r（64 级），横向进给量 0. 014 ~ 3. 16 mm/r（64 级）。

⑦床鞍与刀架快速移动速度：4 m/min。

⑧螺纹加工范围：米制螺纹 t = 1 ~ 192 mm（44 种）；
英制螺纹 a = 2 ~ 24 牙/in（20 种）；
模数螺纹 m = 0. 25 ~ 48 mm（39 种）；
径节螺纹 D_P = 1 ~ 96 牙/in（37 种）。

⑨主电动机功率：7. 5 kW，1 450 r/min。

(3) 工件的安装。

①三爪卡盘上找正安装工件。三爪卡盘装夹能自动定心，但其定心准确度不高。装夹时，把工件直接夹持在三爪卡盘上，根据工件的一个或几个表面用划针或指示表找正工件准确位置后，再进行夹紧。

②一夹一顶安装工件。一夹一顶即轴的一端外圆用卡盘夹紧，另一端用尾座顶尖顶住中心孔的工件安装方式。这种安装方式可提高轴的装夹刚度，此时轴的外圆和中心孔同作为定位基面，常用于长轴加工及粗车加工中。

③在双顶尖间安装工件。在实心轴两端钻中心孔，或在空心轴两端安装带中心孔的锥堵或锥套心轴，用车床主轴和尾座顶尖顶两端中心孔的工件安装方式。此时定位基准与设计基准统一，能在一次装夹中加工多处外圆和端面，并可保证各外圆轴线的同轴度以及端面与轴线的垂直度要求，是车削、磨削加工中常用的工件安装方法。

3. 铣床的主要功能

铣床是一种用途广泛的机床，在铣床上可以加工平面（水平面、垂直面）、沟槽（键槽、T 形槽、燕尾槽等）、分齿零件［齿轮、花键轴、链轮、螺旋形表面（螺纹、螺旋槽）］及各种曲面。此外，还可用于对回转体表面、内孔加工以及进行切断工作等。

铣床在工作时，工件装在工作台上或分度头等附件上，铣刀旋转为主运动，辅以工作台或铣头的进给运动，工件即可获得所需的加工表面。由于是多刀断续切削，因而铣床的生产率较高。

4. 刨床的主要功能

刨床主要用于加工各种平面（水平面、垂直面和斜面及各种沟槽，如 T 形槽、燕尾槽、V 形槽等）、直线成型表面。如果配有仿形装置，还可加工空间曲面，如汽轮机叶轮、螺旋槽等。

这类机床的刀具结构简单，回程时不切削，故生产率较低，一般用于单件小批量生产。

5. 镗床的主要功能

镗床适用于机械加工车间对单件或小批量生产的零件进行平面铣削和孔系加工，主轴箱端部设计有平旋盘径向刀架，能精确镗削尺寸较大的孔和平面。此外还可进行钻、铰孔及螺纹加工。

6. 磨床的主要功能

磨床是用磨具（如砂轮、砂带）、磨料（油石或研磨料等）作为工具对工件表面进行切削加工的机床。磨床可加工各种表面，如内外圆柱面和圆锥面、平面、齿轮齿廓面、螺旋面及各种成型面等，还可以刃磨刀具和进行切断等，工艺范围十分广泛。

由于磨削加工容易得到较高的加工精度和较好的表面质量，所以磨床主要应用于零件精加工，尤其是淬硬钢件和高硬度特殊材料的精加工。

7. 钻床的主要功能

钻床是具有广泛用途的通用性机床，可对零件进行钻孔、扩孔、铰孔、锪平面和攻螺纹等加工。在摇臂钻床上配有工艺装备时，还可以进行镗孔；在台钻上配上万能工作台（MDT－180 型），还可铣键槽。

8. 齿轮加工机床的主要功能

加工齿轮轮齿表面的机床称为齿轮加工机床。齿轮是最常用的传动件，有直齿、斜齿和“人”字齿的圆柱齿轮，直齿和弧齿的圆锥齿轮，涡轮以及非圆形齿轮等。

1.5.3 机床坐标的确定

1. Z 坐标

标准规定，机床（如铣床、钻床、车床、磨床等）传递切削力的主轴轴线为 Z 坐标轴。如果机床有几个主轴，则选一垂直于装夹平面的主轴作为主要主轴；如机床没有主轴（龙门刨床），则规定 Z 轴垂直于工件装夹平面。

2. X 坐标

X 坐标轴一般是水平的，平行于装夹平面。对于工件旋转的机床（如车床、磨床等），X 坐标轴的方向在工件的径向上。对于刀具旋转的机床则做如下规定：

（1）当 Z 轴水平时，从刀具主轴后向工件看，正 X 为右方向。

（2）当 Z 轴处于铅垂面时，对于单立柱式机床，从刀具主轴后向工件看，正 X 为右方向；对于龙门式机床，从刀具主轴右侧看，正 X 为右方向。

3. Y，A，B，C 等坐标

用右手笛卡儿坐标系来确定 Y 坐标正方向；以 A，B，C 表示绕 X，Y，Z 坐标的旋转运动，按照右手螺旋法则确定其正方向［见图 1－3（a）］。

若有第二直角坐标系，可用 U，V，W 表示。

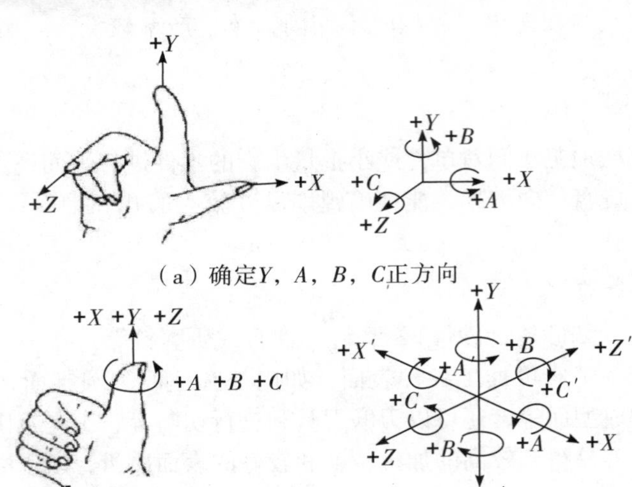

（a）确定Y，A，B，C正方向

（b）刀具移动与工件移动的坐标表示

图 1－3　机床坐标判断法

4. 判断坐标方向

当某一坐标上刀具移动时，用不加撇号的字母表示该轴运动的正方向；当某一坐标上工件移动时，则用加撇号的字母（如A'，X'等）表示。加与不加撇号所表示的运动方向正好相反［见图 1－3（b）］。

1.5.4　工艺装备的选择

1. 夹具的选择

在单件小批量生产中，应尽量选用通用夹具或组合夹具；在大批量生产中，应根据工序要求设计专用高效夹具。

2. 刀具的选择

刀具的选择主要取决于工序所采用的加工方法、加工表面的尺寸、工件材料、所要求的加工精度和表面粗糙度、生产率及经济性等，一般应尽量选用标准刀具。

3. 量具的选择

量具的选择主要根据生产类型和要求检验的精度确定。在单件小批量生产中，应尽量采用通用量具，在大批量生产中，应采用各种极限量规或高生产率的测量仪器。

4. 缩减单件时间的措施

缩减单件时间（t_d）的措施包括以下几点。

（1）缩减基本时间（t_j）的措施，包括提高切削用量，减少加工余量，缩短刀具的工作行程，采用多刀多刃和多轴机床加工，或采用其他新工艺、新技术。

（2）缩减辅助时间（t_f）的措施，包括尽量使辅助动作实现机械化或自动化，如采用先进夹具，提高机床的自动化程度；使辅助时间与基本时间部分或全部重叠起来，如采用多位夹具或多位工作台，采用主动测量或数字显示自动测量装置。

（3）缩减布置工作场地时间（t_b）的措施，包括采用耐用度较高的刀具或砂轮，采用各种快换刀夹、刀具微调装置，专用对刀样板和样件以及自动换刀装置。

（4）缩减准备与终结时间（t_z）的措施，包括采用成组工艺生产组织形式，使夹具和刀具的调整通用化，采用准备与终结时间较短的先进设备及工艺装备。

1.6 刀具的选择

1.6.1 切削用量的选择

加工中的切削用量包括背吃刀量 a_p、主轴转速 n 或切削速度 v_c（用于恒线速度切削）、进给速度 v_f 或进给量 f。数控编程时，编程人员必须确定每道工序的切削用量，包括主轴转速、背吃刀量、进给速度等，并以数控系统规定的格式输入程序中。对于不同的加工方法，需选用不同的切削用量。合理地选择切削用量，对零件的表面质量、精度、加工效率影响很大，但在实际中很难掌握，要有丰富的实践经验才能够确定合适的切削用量。在数控编程时只能凭借编程人员的经验和刀具的切削用量推荐值初步确定，最终的切削用量将根据零件数控程序的调试结果和实际加工情况确定。

1. 切削用量的选用原则

粗车时，应尽量保证较高的金属切除率和必要的刀具耐用度。选择切削用量时应首先选取尽可能大的背吃刀量 a_p；其次根据机床动力和刚性的限制条件，选取尽可能大的进给量 f；最后根据刀具耐用度要求，确定合适的切削速度 v_c。增大背吃刀量 a_p 可使走刀次数减少，而增大进给量 f 有利于断屑。

半精车和精车时，对加工精度和表面粗糙度要求较高，加工余量不大且较均匀。选择精车的切削用量时，应着重考虑如何保证加工质量，并在此基础上尽量提高生产率。因此，精车时应选用较小（但不能太小）的背吃刀量和进给量，并选用性能高的刀具材料和合理的几何参数，以尽可能提高切削速度。

确定切削用量时应根据加工性质、加工要求、工件材料及刀具的尺寸和材料性能等方面的具体要求，通过查阅切削手册并结合经验加以确定。

确定切削用量时，除了遵循以上的一般原则和方法外，还应考虑以下因素的影响。

（1）刀具差异的影响。不同的刀具厂家生产的刀具质量差异很大，所以切削用量需根据实际使用的刀具和现场经验加以修正。

（2）机床特性的影响。切削性能受数控机床的功率和机床的刚性限制，必须在机床说明书规定的范围内选择。避免因机床功率不够发生闷车现象，或因刚性不足产生大的机床振动现象，影响零件的加工质量、精度和表面粗糙度。

（3）数控机床生产率的影响。数控机床的工时费用较高，相对而言，刀具的损耗成本所占的比重较低，应尽量采用大的切削用量，通过适当降低刀具寿命来提高数控机床的生产率。

2. 切削用量的选取方法

（1）背吃刀量的选择。

粗加工时，除留下精加工余量外，一次走刀尽可能切除全部余量，也可分多次走刀。精加工的加工余量一般较小，可一次切除。在中等功率机床上，粗加工的背吃刀量 a_p 可达 8 ~ 10 mm；半精加工的背吃刀量取 0.5 ~ 5 mm；精加工的背吃刀量取 0.2 ~ 1.5 mm。

（2）进给量或进给速度的选择。

铣削时，进给速度是切削时单位时间内零件与铣刀沿进给方向的相对位移量，单位为 mm/r 或 mm/min。

粗加工时，由于对工件的表面质量没有太高的要求，这时主要根据机床进给机构的强度和刚性、刀杆的强度和刚性、刀具材料、刀杆和工件尺寸以及已选定的背吃刀量等因素来选取进给速度。精加工时，则按表面粗糙度要求、刀具及工件材料等因素来选取进给速度。

进给速度 v_f 可以按公式 $v_f = f \times n$ 计算。式中：f 表示每转进给量，粗车时一般取 0.3 ~ 0.8 mm/r；精车时常取 0.1 ~ 0.3 mm/r；切断时常取 0.05 ~ 0.2 mm/r。n 表示工件或刀具转数。

（3）确定主轴转速。

切削速度 v_c 可根据已经选定的背吃刀量、进给量及刀具耐用度进行选取。实际加工过程中，也可根据生产实践经验和查表的方法来选取。粗加工或刀具材料、工件材料的切削性能较差时，宜选用较低的切削速度；精加工或刀具材料、工件材料的切削性能较好时，宜选用较高的切削速度。

切削速度 v_c 确定后，可根据刀具或工件直径按公式来确定主轴转速，为：

$$n = \frac{1\,000\,v_c}{\pi d}\ (\mathrm{r/min})$$

式中，v_c——切削速度（m/min）；

d——工件或刀具的直径（mm）。

切削速度 v_c 与刀具耐用度关系比较密切，随着 v_c 的加大，刀具耐用度将急剧下降，故 v_c 的选择主要取决于刀具耐用度。

在工厂的实际生产过程中，切削用量一般根据生产实践经验并通过查表的方法进行选取。常用硬质合金或涂层硬质合金刀具切削不同材料时的切削用量推荐值见表 1－40，表 1－41 为常用切削用量推荐值表（供参考）。

表 1－40　硬质合金或涂层硬质合金刀具切削用量推荐值表

刀具材料	工件材料	粗加工			精加工		
		切削速度 v_c /m·min^{-1}	进给量 f /mm·r^{-1}	背吃刀量 a_p /mm	切削速度 v_c /m·min^{-1}	进给量 f /mm·r^{-1}	背吃刀量 a_p /mm
硬质合金或涂层硬质合金	碳钢	220	0.2	3	260	0.1	0.4
	低合金钢	180	0.2	3	220	0.1	0.4
	高合金钢	120	0.2	3	160	0.1	0.4
	铸铁	80	0.2	3	140	0.1	0.4
	不锈钢	80	0.2	2	120	0.1	0.4
	钛合金	40	0.2 0.3	1.5	60	0.1	0.4
	灰铸铁	120	0.2	2	150	0.15	0.5
	球墨铸铁	100	0.2 0.3	2	120	0.15	0.5
	铝合金	1 600	0.2	1.5	1 600	0.1	0.5

表 1－41　常用切削用量推荐值表

工件材料	加工内容	背吃刀量 a_p /mm	切削速度 v_c /m·min^{-1}	进给量 f /mm·r^{-1}	刀具材料
碳素钢 $\sigma_b>600$ MPa	粗加工	5～7	60～80	0.2～0.4	YT 类
	粗加工	2～3	80～120	0.2～0.4	
	精加工	2～6	120～150	0.1～0.2	
碳素钢 $\sigma_b>600$ MPa	钻中心孔	—	500～800(r·min^{-1})	—	W18Cr4V
	钻孔	—	25～30	—	
	切断(宽度<5 mm)	70～110	0.1～0.2	—	YT 类
铸铁 HBS<200	粗加工	—	50～70	0.2～0.4	YG 类
	精加工	—	70～100	0.1～0.2	
	切断(宽度<5 mm)	50～70	0.1～0.2	—	

3. 选择切削用量时应注意的问题

（1）主轴转速应根据零件上被加工部位的直径，并按零件和刀具材料及加工性质等条件所允许的切削速度来确定。切削速度除了计算和用查表法选取外，还可根据生产实践经验确定，需要注意的是交流变频调速数控车床低速输出力矩小，因而切削速度不能太低。根据切削速度可以计算出主轴转速。

（2）数控车床加工螺纹时，因其传动链的改变，原则上其转速只要能保证主轴每转一周时，刀具沿主进给轴（多为 Z 轴）方向位移一个螺距即可。

在车削螺纹时，车床的主轴转速将受到螺纹的螺距 P（或导程）大小、驱动电机的升降频特性，以及螺纹插补运算速度等多种因素影响，故对于不同的数控系统，应推荐不同的主轴转速选择范围。

大多数经济型数控车床推荐车螺纹时的主轴转速为：

$$n \leqslant \frac{1200}{P} - k \quad (\mathrm{r/min})$$

式中，P——被加工螺纹螺距（mm）；

k——保险系数，一般取 80。

数控车床车螺纹时，会受到以下几方面的影响：

①螺纹加工程序段中指令的螺距值，相当于以进给量 f 表示的进给速度 v_f。如果选择的机床主轴转速过高，其换算后的进给速度 v_f 必定大大超过正常值。

②刀具在其位移过程的始终，都将受到伺服驱动系统升降频率和数控装置插补运算速度的约束，由于升降频率特性满足不了加工需要等原因，可能因主进给运动产生的“超前”或“滞后”而导致部分螺牙的螺距不符合要求。

③车削螺纹必须通过主轴的同步运行功能实现，即车削螺纹需要有主轴脉冲发生器（编码器），当其主轴转速选择过高时，通过编码器发出的定位脉冲（即主轴每转一周时所发出的一个基准脉冲信号）将可能因“过冲”（特别是当编码器的质量不稳定时）而导致工件螺纹产生乱纹（俗称“乱扣”）。

1.6.2 刀具角度的选择

车套筒外圆时，以 45°车刀进行切削，主要就车刀的前角、后角、主偏角、副偏角、刃倾角等参数进行选择。表 1-42 为车刀角度选择应考虑的主要因素。

表 1-42 车刀角度选择应考虑的主要因素

角度名称	作 用	选择时应考虑的主要因素
前角 γ_0	增大前角 γ_0 可以减小切屑变形和摩擦阻力，使切削力、切削功率及切削时产生的热量减小。前角过大将导致切削刃强度降低，刀头散热体积减小，致使刀具寿命降低	加工一般灰铸铁时，可选 $\gamma_0 = 5° \sim 15°$；加工铝合金时，选 $\gamma_0 = 30° \sim 35°$；用硬质合金刀具加工一般钢料时，选 $\gamma_0 = 10° \sim 20°$。 (1) 刀具材料的抗弯强度及韧性较高时，可取较大前角。 (2) 工件材料的强度、硬度较低，塑性较好时，应取较大前角；加工硬脆材料应取较小前角，甚至取负前角。 (3) 继续切削或粗加工有硬皮的铸锻件时，应取较小前角，精加工时宜取较大前角。 (4) 工艺系统刚性较差或机床功率不足时，应取较大前角。 (5) 成形刀具和齿轮刀具会减小齿形误差，应取小前角甚至零前角

续上表

角度名称	作　用	选择时应考虑的主要因素
后角 α_0	后角 α_0 的主要作用是减小刀具后刀面与工件之间的摩擦。后角过大会使刀刃强度降低，并使散热条件变差，使刀具耐用度降低	进给量 $f \leqslant 0.25$ mm/r 时，车刀合理后角可选 $\alpha_0=10° \sim 12°$；在 $f>0.25$ mm/r 时，取 $\alpha_0=5° \sim 8°$。 （1）工件材料强度、硬度较高时，应取较小后角；工件材料软、黏时，应取较大后角；加工脆性材料时，宜取较小后角。 （2）精加工及切削厚度较小工件的刀具，应采用较大的后角；粗加工、强力切削，宜取较小后角。 （3）工艺系统刚性较差时，应适当减小后角。 （4）定尺寸刀具，如拉刀、铰刀等，为避免重磨后刀具尺寸变化过大，宜取较小的后角
主偏角 κ_r	主偏角 κ_r 减小，可使刀尖处强度增大且切削刃长度增加，有利于散热和减轻单位刀刃长度的负荷，提高刀具的寿命。减小主偏角可使工件表面残留面积高度减小。增大主偏角可使背向力 F_p 减小，进给力 F_f 增加，因而可降低工艺系统的变形与振动	（1）在工艺系统刚性允许的条件下，应采用较小的主偏角。如系统刚性较好时（$\frac{L_w}{d_w}<6$），可取 $\kappa_r=30° \sim 45°$；当系统刚性较差时（$\frac{L_w}{d_w}=6 \sim 12$），取 $\kappa_r=60° \sim 75°$；车削细长轴时（$\frac{L_w}{d_w}>12$），取 $\kappa_r=90° \sim 93°$。 （2）加工很硬的材料时，应取较小的主偏角。 （3）主偏角的大小还应与工件的形状相适应。如车削阶梯轴时，可取 $\kappa_r=90°$；要用同一把车刀车削外圆、端面和倒角时，可取 $\kappa_r=45°$
副偏角 κ'_r	较小的副偏角 κ'_r 可以减小工件已加工表面的粗糙度值，增加刀头散热体积，但过小的副偏角会加剧副后刀面与工件已加工表面的摩擦，也易引起振动	在工艺系统刚性较高、不引起振动的条件下，副偏角宜取小值。精车时，一般取 $\kappa'_r=5° \sim 10°$，粗车时取 $\kappa'_r=10° \sim 15°$。对切断刀及切槽刀，取 $\kappa'_r=1° \sim 3°$。精加工刀具必要时可磨出一段 $\kappa'_r=0$ 的修光刃
刃倾角 λ_s	刃倾角 λ_s 影响切屑流出方向。$+\lambda_s$ 使切屑流向待加工表面，$-\lambda_s$ 使切屑流向已加工表面。增大 λ_s 可增大实际工作前角，减小刀钝刃圆半径，使切削轻快，但刃刀具采用绝对值较大的 $-\lambda_s$ 可使离刀尖较远的切削刃首先接触工件，使刀尖免受冲击。对于多刃回转刀具，如圆柱铣刀等，螺旋角就是刃倾角，此角可使切入切出过程平稳，当 $-\lambda_s$ 绝对值增大时背向力 F_p 将显著增大	加工一般钢料的铸铁时，无冲击的粗车取 $\lambda_s=0° \sim -5°$，精车取 $\lambda_s=0° \sim +5°$；有冲击负荷时，取 $\lambda_s=-5° \sim -15°$；冲击负荷特别大时取 $\lambda_s=-30° \sim -45°$。对刨刀，可取 $\lambda_s=-10° \sim -12°$。 （1）当加工材料硬度大或有大的冲击载荷时，应取绝对值较大的 $-\lambda_s$，以保护刀尖。 （2）精加工时，λ_s 应取正值，使切屑流向待加工表面，并可使刃口锋利。 （3）加工通孔的刀具取 $-\lambda_s$ 角，可使切屑向前排出。加工盲孔的刀具则取 $+\lambda_s$ 角。 （4）当工艺系统刚性不足时，应尽量不用 $-\lambda_s$ 角

1.6.3 刀具材料的选择

铣刀刀具材料的基本要求如下。

①高硬度和耐磨性。在常温下，铣刀刀具材料必须具备足够的硬度才能切入工件；具有高的耐磨性，刀具才不会磨损，有利于延长刀具使用寿命。

②好的耐热性。刀具在切削过程中会产生大量的热量，尤其是在切削速度较高时，温度会很高，因此，刀具材料应具备好的耐热性，即在高温下仍能保持较高的硬度，具备持续进行切削的性能。这种具有高温硬度的性质，又称为热硬性或红硬性。

③高强度和高韧性。在切削过程中，刀具要承受很大的冲击力，所以刀具材料要具有较高的强度，否则易断裂和损坏。由于铣刀会受到冲击和振动，因此，铣刀材料还应具备好的韧性，才不易崩刃、碎裂。

铣刀常见的有两种材料：高速钢和硬质合金。后者比前者硬度高、切削力强，可提高转速和进给率，从而提高生产率，且让刀不明显，适用于加工不锈钢、钛合金等难加工材料，但成本较高，而且在切削力快速交替变换的情况下容易断刀。

1. 硬质合金铣刀

硬质合金是由金属碳化物、碳化钨、碳化钛和以钴为主的金属黏结剂经粉末冶金工艺制造而成的。其主要特点有：能耐高温，在 800 ~ 10 000 ℃仍能保持良好的切削性能，切削时可选用比高速钢刀具高 4 ~ 8 倍的切削速度。

常用的硬质合金一般可以分为三大类：

①钨钴类硬质合金（YG）。常用牌号有 YG3，YG6，YG8，其中数字表示含钴的百分率。含钴量越多，韧性越好，越耐冲击和振动，但会降低其硬度和耐磨性。因此，该合金刀具适用于切削铸铁及有色金属，还可以用来切削耐冲击性强的毛坯、经淬火的钢件和不锈钢件。

②钛钴类硬质合金（YT）。常用牌号有 YT5，YT15，YT30，其中数字表示含碳化钛的百分率。硬质合金加入碳化钛以后，能提高钢的黏结温度，减小摩擦系数，并能使硬度和耐磨性略有提高，但降低了抗弯强度和韧性，使其性质变脆，因此，该类合金刀具适用于切削钢类零件。

③通用硬质合金（YW）。硬质合金广泛用作刀具材料，如车刀、铣刀、刨刀、钻头、镗刀等，用于切削铸铁、有色金属、塑料、化纤、石墨、玻璃、石材和普通钢材，也可以用来切削耐热钢、不锈钢、高锰钢、工具钢等难加工的材料。

（1）铣刀材料及其选择。

①抗弯强度及韧性。硬质合金的抗弯强度比较弱，常用硬质合金的抗弯强度为 1 100 ~ 1 500 MPa，只有高速钢的 1/3 ~ 1/2。硬质合金属脆性材料，常温下的冲击韧度仅为高速钢的 1/30 ~ 1/8。

②导热性。硬质合金的导热性高于高速钢，导热率是高速钢的 2 ~ 3 倍。

③热膨胀系数。硬质合金的热膨胀系数比高速钢小很多，焊接时应考虑防裂措施。

（2）硬质合金铣刀的热处理。

硬质合金刀具的热处理主要是涂层。目前，国外的硬质合金可转位刀片的涂层比例在70%以上，并具有很强的针对性，进一步扩大了硬质合金铣刀的应用范围。

（3）硬质合金模具铣刀的应用实例。

①直径2～20 mm的球头铣刀，一般用整体硬质合金制造，用于加工小型模具的模腔或雕刻成型表面。若再施以涂层处理，可以达到很高的切削速度。法国佛雷萨公司的立铣刀，铣削硬度HRC 52～56的淬硬钢，切削速度可达300 m/min，进给速度为1 000～4 000 mm/min；新一代的整体硬质合金铣刀，在加工HRC 63的淬硬钢时切削速度能达150 m/min以上，在加工一般模具钢时能达400～500 m/min，非常适合应用在数控铣床和转速在20 000 r/min以上的铣床上铣削。

②株洲钻石切削刀具股份有限公司开发的黑金刚刀片系列，是专门为加工铸铁而开发的硬质合金刀片，用于中速或高速铣削的YBD152牌号比原有的牌号切削速度提高30%～40%，使用寿命提高近50%。

③由于模具加工的工作量很大，为了提高加工效率，不希望多换刀，工具厂开发了可转位的面铣刀，包括铣平面、铣斜面等多功能可转位面铣刀。

④大型模具型腔的精加工，金属切除量大，刀具悬伸长，如果用传统的铣削加工，效率很低，现在改用小切深大进给量的方式，实现了高效加工。

2. 立方氮化硼铣刀

立方氮化硼（CBN）是继人造金刚石之后出现的第二种无机超硬材料，开创了高速切削的新纪元。

（1）CBN铣刀的主要特点。

①高硬度和耐磨性：显微硬度可达8 000～9 000 HV。聚晶立方氮化硼（PCBN）烧结体的硬度达到3 000～5 000 HV，在切削耐磨材料时耐磨性为硬质合金的50倍，为陶瓷刀具的25倍。PCBN尤其适用于以前只能磨削的高硬度材料，实现“以车代磨”。

②化学稳定性好：CBN的化学惰性大，在还原性气体介质中对酸和碱都是稳定的，在大气和水蒸气中无任何变化，与铁系金属在1 200～1 300 ℃下也不起化学作用。

③良好的导热性：其导热率大大高于高速钢和硬质合金，但低于金刚石。

④较低的摩擦系数：CBN与不同材料间的摩擦系数为0.1～0.3，比硬质合金低得多。

（2）CBN铣刀的实际应用。

①铣削HRC 58 12CR模具钢，CBN铣刀比其他超硬材料铣刀效率高，寿命长；精铣和半精HRC 40～60模具，工件表面粗糙度可达 *Ra* 0.1 μm；用锋刃CBN端铣刀铣削HRC 62～64 CRWMN钢平面时，表面粗糙度达 *Ra* 0.2～0.4 μm。

②直径10 mm CBN立铣刀在HRC60 CRWMN钢模具上铣削宽度为10 mm、深度为2 mm的槽时，16 min铣长1.2 m，后刀面磨损0.06 mm。

③在模具制造业中，广泛使用各种立铣刀，尤其是球头铣刀来高速加工型腔等复杂曲面，被加工模具材料几乎包括能硬化的所有模具钢系列，不仅工效高，而且质量好。

3. 陶瓷铣刀

陶瓷刀具具有硬度高、耐磨性好、耐热性和化学稳定性优良等优点，且不与切屑黏接。世界各国都非常注重开发和应用陶瓷刀具，近20年来，陶瓷刀具已成为高速切削和加工难加工材料的主要刀具之一。目前，由于控制了原料的纯度和晶粒尺寸，添加了各种碳化物、氮化物和晶须等，采用多种增韧补强方法，使得陶瓷刀具的抗弯强度、断裂韧度和抗冲击性能都有大幅度提高，现已开发了一系列的新型陶瓷刀具材料，如纳米复合陶瓷刀具、晶须增韧陶瓷刀具、梯形功能陶瓷刀具、粉末涂层陶瓷刀具、自润滑陶瓷刀具等。其应用范围日益广泛，社会效益和经济效益十分明显，如以下实例：

①Al_2O_3/TiB_2刀具加工 $4Cr_5MoVSi$ 热模钢时，刀具抗边界磨损能力为 Al_2O_3/TiC 的两倍。

②用 S4 陶瓷制成的三面刃铣刀，可一次走刀铣完 5.2 mm×16 mm×710 mm 淬硬钢键槽的精加工，键槽侧面的表面粗糙度可稳定地达到 Ra 1.6~0.8 μm，可省去原来的粗铣、精磨、镶键等工序。

③陶瓷刀具不能用于加工铝，但对于灰铸铁、球墨铸铁、淬火钢和未淬硬的耐热合金等难加工材料特别适合。在德国，70% 加工铸铁的工序是由陶瓷刀具完成的，而日本陶瓷刀具的年消耗量已占刀具总量的 8%~10%。

4. 高速工具钢铣刀

高速工具钢（简称高速钢、锋钢）分通用高速钢和特殊用途高速钢两种。高速钢刀具有以下特点：

①合金元素钨、铬、钼、钒的含量较高，淬火硬度可达 HRC 62~70。在 600 ℃高温下仍能保持较高的硬度。

②刃口强度和韧性好，抗震性强，能用于制造切削速度一般的刀具，对于刚性较差的机床，采用高速钢铣刀仍能顺利切削。

③工艺性能好，锻造、加工和刃磨都比较容易，还可以制造形状较复杂的刀具。

④与硬质合金材料相比，有硬度较低、红硬性和耐磨性较差等缺点。

1.7 常用金属原材料的选择

1.7.1 常用原材料的类型

1. 常用机械加工材料（金属类）

（1）45 号钢。

最常用中碳调质钢，数字“45”代表的是该钢材的平均碳含量为 0.45%。其综合力学性能良好，淬透性低，水淬时易生裂纹。小型件宜采用调质处理，大型件宜采用正火处理。

45 号钢主要用于制造强度高的运动件，如透平机叶轮、压缩机活塞、轴、齿轮、齿条、涡杆等。焊接件注意焊前预热，焊后应消除应力退火。

（2）Q235A。

Q235A 又称为 A3 钢，是最常用的碳素结构钢，具有高的塑性、韧性和焊接性能、冷冲压性能，以及一定的强度、好的冷弯性能。“Q”是“屈”的拼音首字母，代表屈服极限的意思；“235”代表该钢材的屈服值，在235 MPa左右；后面的字母代表质量等级，质量等级共分为A、B、C、D四个等级，Q235A钢的质量等级为A级。

Q235A广泛用于制造一般要求的零件和焊接结构，如受力不大的拉杆、连杆、销、轴、螺钉、螺母、套圈、支架、机座、建筑结构、桥梁等。

（3）40Cr。

40Cr属合金结构钢，是使用最广泛的钢种之一。经调质处理后具有良好的综合力学性能、低温冲击韧度及低的缺口敏感性，淬透性良好；油冷时可得到较高的疲劳强度，水冷时复杂形状的零件易产生裂纹；冷弯塑性中等，回火或调质后切削加工性好，但焊接性不好时易产生裂纹，焊前应预热到100～150 ℃；一般在调质状态下使用，还可以进行碳氮共渗和高频表面淬火处理。

调质处理后可用于制造中速、中载的零件，如机床齿轮、轴、涡杆、花键轴、顶针套等，调质并高频表面淬火后用于制造表面高硬度、耐磨的零件，如齿轮、轴、主轴、曲轴、心轴、套筒、销子、连杆、螺钉螺母、进气阀等；经淬火及中温回火后用于制造重载、中速冲击的零件，如油泵转子、滑块、齿轮、主轴、套环等；经淬火及低温回火后用于制造重载、低冲击、耐磨的零件，如涡杆、主轴、轴、套环等；碳氮共渗处理后用于制造尺寸较大、低温冲击韧度较高的传动零件，如轴、齿轮等。

（4）HT150。

灰铸铁，字母“HT”是“灰铁”的拼音首字母。其抗拉强度为150 MPa，属中等强度的铸铁，具有良好的铸造工艺性能，常用于制造箱体、机床床身等，如齿轮箱体、机床床身、箱体、液压缸、泵壳体、阀体、飞轮、汽缸盖、带轮、轴承盖等。

（5）35号钢。

35号钢的数字“35”代表平均碳含量为0.35%。该钢材强度适当、塑性较好、冷塑性高、焊接性尚可，冷态下可局部镦粗和拉丝；淬透性低，正火或调质后使用。35号钢是各种标准件、紧固件的常用材料，适于制造小截面零件、可承受较大载荷的零件，如曲轴、杠杆、连杆、钩环等。

（6）65Mn。

65Mn是弹簧钢的一种，适用于制造小尺寸各种扁、圆弹簧，坐垫弹簧，弹簧发条，也可制作弹簧环、气门簧、离合器簧片、刹车弹簧、冷卷螺旋弹簧、卡簧等。

（7）0Cr18Ni9。

0Cr18Ni9是较常用的不锈钢之一，作为不锈耐热钢使用最广泛，如食品用设备、一般化工设备、原子能工业用设备，另外还有1Cr18Ni9、3Cr18Ni9等常用的不锈钢材料。

（8）Cr12。

Cr12钢是一种应用广泛的冷作模具钢，属高碳高铬类型的莱氏体钢。该钢具有较好的淬透性和良好的耐磨性；由于Cr12钢碳含量高达2.3%，所以冲击韧度较差、易脆裂，而且容易形成不均匀的共晶碳化物。Cr12钢由于具有良好的耐磨性，多用于制造受冲击负荷较小的要求高耐磨的冷冲模、冲头、下料模、冷镦模、冷挤压模的冲头和凹模、钻套、量规、拉丝模、压印模、搓丝板、拉深模以及粉末冶金用冷压模等。

（9）3Cr13。

3Cr13 属于马氏体不锈钢类型，首数字“3”代表该材料平均碳含量为 0.3%。3Cr13 具有优良的耐腐蚀性能、抛光性能，较高的强度和耐磨性，适用于制造高耐磨及在腐蚀介质作用下的塑料模具。调质处理后硬度在 HRC 30 以下的 3Cr13 材料加工性较好，易达到较好的表面质量；而硬度大于 HRC 30 时加工出的零件，表面质量虽然较好，但刀具易磨损。所以，在材料进厂后，应先进行调质处理，使硬度为 HRC 25 ~ 30 时，再进行切削加工。

（10）YG6X。

YG6X 是硬质合金的一种，常用于制造硬质合金刀具。硬质合金是由难熔金属的硬质化合物和黏结金属粉末通过冶金工艺制成的一种合金材料。

硬质合金具有硬度高、耐磨、强度和韧性较好、耐热、耐腐蚀等一系列优良性能，被誉为“工业牙齿”，特别是它的高硬度和耐磨性，使其即使在 500 ℃的温度下也基本保持性能不变，在 1 000 ℃时仍有很高的硬度。

硬质合金广泛用作刀具材料，如车刀、铣刀、刨刀、钻头、镗刀等，用于切削铸铁、有色金属、塑料、化纤、石墨、玻璃、石材和普通钢材，也可以用来切削耐热钢、不锈钢、高锰钢、工具钢等难加工的材料。

（11）T10，T12。

T10 是最常见的一种碳素工具钢，平均碳含量为 1.0%，韧度适中，生产成本低，经热处理后硬度能达到 HRC 60 以上。但是，此种碳素工具钢淬透性低，且耐热性差（250 ℃），在淬火加热时不易过热，仍保持细晶粒。其韧性尚可，强度及耐磨性均较 T7 ~ T9高些，但热硬性低，淬透性仍然不高，淬火变形大。

T12 也是碳素工具钢的一种，平均碳含量为 1.2%，淬火后有较多的过剩碳化物。按其耐磨性和硬度，适用于制作不受冲击负荷、切削速度不高、切削刃口不变热的工具，如车床、刨床的车刀、铣刀、钻头；可制作铰刀、扩孔钻、丝锥、板牙、刮刀、量规、切烟草刀、锉刀，以及断面尺寸小的冷切边模、冲孔模等。

（12）LY12。

LY12 是铝合金的一种，LY12 是旧牌号，新牌号是 2A12。这是一种高强度硬铝，可进行热处理强化，在淬火和冷却硬化后其可切削性能尚好，退火后可切削性低；抗蚀性不高，常采用阳极氧化处理与涂漆方法或表面加包铝层以提高其抗腐蚀能力。航空产品系列全部通过航空航天用铝合金制品的超声波探伤工序检验，无沙孔、裂纹、气泡及杂质等。

（13）6061，6063 铝合金。

轻有色金属指密度小于 4.5 g/cm^3 的有色金属材料，包括铝、镁、钠、钾、钙、锶、钡等纯金属及其合金。这类金属的共同特点是：密度小（0.53 ~ 4.5 g/cm^3），化学活性大，与氧、硫、碳和卤素的化合物都相当稳定。其中在工业上应用最为广泛的是铝及铝合金，目前它的产量已超过有色金属材料总产量的 1/3。

以 6061 铝合金为代表的 6000 系列铝合金中的主要合金元素为镁与硅，具有中等强度，有良好的抗腐蚀性、可焊接性，氧化效果较好。6061 铝合金广泛应用于要求有一定强度和抗蚀性高的各种工业结构件，如塔式建筑、船舶、电车、铁道车辆、家具等；6063 铝合金常用于制造铝合金门窗。

1.7.2 工件的热处理

1. 热处理概述

在从石器时代发展到铜器时代和铁器时代的过程中，热处理的作用逐渐为人们所认识。早在公元前 770—前 222 年，中国人在生产实践中就已发现，铁的性能会因温度和加压变形的影响而变化。白口铸铁的柔化处理就是制造农具的重要工艺。

公元前 6 世纪，铁制兵器逐渐被采用，为了提高铁的硬度，淬火工艺遂得到迅速发展。中国河北省易县燕下都出土的两把剑和一把戟，其显微组织中都有马氏体存在，说明是经过淬火处理的。

随着淬火技术的发展，人们逐渐发现淬冷剂对淬火质量的影响。三国蜀人蒲元曾在今陕西斜谷为诸葛亮打制 3 000 把刀，相传是派人到成都取水淬火的。这说明中国在古代就注意到不同水质的水的冷却能力了。中国出土的西汉（公元前 206—公元 24）中山靖王墓中的宝剑，中心部位含碳量为 0.15% ~0.4%，而表面含碳量却达 0.6% 以上，说明已应用了渗碳工艺。但当时作为个人“手艺”的秘密，不肯外传，因而发展很慢。

1863 年，英国金相学家和地质学家展示了铁在显微镜下的 6 种不同的金相组织，证明了铁在加热和冷却时，内部会发生组织改变，铁中高温时的相在急冷时转变为一种较硬的相。法国人奥斯蒙德确立的铁的同素异构理论，以及英国人奥斯汀最早制定的铁碳相图，为现代热处理工艺初步奠定了理论基础。与此同时，人们还研究了在金属热处理的加热过程中对金属的保护方法，以避免加热过程中金属的氧化和脱碳等。

1850—1880 年，对于应用各种气体（如氢气、煤气、一氧化碳等）进行保护加热曾有一系列专利。1889—1890 年英国人莱克获得多种金属光亮热处理的专利。

20 世纪以来，金属物理的发展和其他新技术的移植应用，使金属热处理工艺得到更大发展。一个显著的进展是 1901—1925 年，在工业生产中应用转筒炉进行气体渗碳；20 世纪 30 年代出现露点电位差计，使炉内气氛的碳势达到可控，以后又研究出用二氧化碳红外仪、氧探头等进一步控制炉内气氛碳势的方法；20 世纪 60 年代，热处理技术运用了等离子场的作用，发展了离子渗氮、渗碳工艺；激光、电子束技术的应用，又使金属获得了新的表面热处理和化学热处理方法。

金属热处理的工艺一般包括加热、保温、冷却三个过程，有时只有加热和冷却两个过程，这些过程互相衔接。

加热是热处理的重要工序之一。金属热处理的加热方法很多，最早是采用木炭和煤作为热源，进而应用液体和气体燃料。电的应用使加热易于控制，且无环境污染。利用这些热源可以直接加热，也可以通过熔融的盐或金属以及浮动粒子进行间接加热。

金属加热时，工件暴露在空气中，常常发生氧化、脱碳（即钢铁零件表面碳含量降低），这对于热处理后零件的表面性能有很不利的影响，因而金属通常应在可控气氛或保护气氛中、熔融盐中或真空中加热，也可用涂料或包装方法进行保护加热。

加热温度是热处理工艺的重要工艺参数之一，选择和控制加热温度，是保证热处理质量的主要问题。加热温度随被处理的金属材料和热处理的目的不同而异，但一般都是加热到相应温度以上，以获得高温组织。另外，金属里微组织转变需要一定的时间，因此当工件表面达到要求的加热温度时，还需在此温度保持一定时间，使内外温度一致，使显微组织转变完全，这段时间称为保温时间。采用高能密度加热和表面热处理时，加热速度极快，一般就没有保温时间，而化学热处理的保温时间往往较长。

冷却也是热处理工艺过程中不可缺少的步骤，冷却方法因工艺的不同而不同，主要是控制冷却速度。一般退火的冷却速度最慢，正火的冷却速度较快，淬火的冷却速度更快。但还因钢种不同而有不同的要求，例如空硬钢就可以用正火一样的冷却速度进行淬硬。

金属热处理工艺大体可分为整体热处理、化学热处理和表面热处理三大类。根据加热介质、加热温度和冷却方法的不同，每一大类又可区分为若干不同的热处理工艺。同一种金属采用不同的热处理工艺，可获得不同的组织，从而具有不同的性能。钢铁是工业上应用最广的金属，而且钢铁显微组织也最为复杂，因此钢铁热处理工艺种类繁多。

2. 整体热处理

整体热处理是对工件整体加热，然后以适当的速度冷却，以改变其整体力学性能的金属热处理工艺。钢铁整体热处理大致有退火、正火、淬火和回火 4 种基本工艺，即整体热处理的“四把火”，其中淬火与回火关系密切，常常配合使用，缺一不可。“四把火”随着加热温度和冷却方式的不同，又演变出不同的热处理工艺。为了获得一定的强度和韧性，把淬火和高温回火结合起来的工艺称为调质。某些合金淬火形成过饱和固溶体后，将其置于室温或稍高的适当温度下保持较长时间，以提高合金的硬度、强度或电性磁性等，这样的热处理工艺称为时效处理。

(1) 退火。

退火是将工件加热到适当温度，根据材料和工件尺寸采用不同的保温时间进行缓慢冷却，目的是使金属内部组织达到或接近平衡状态，获得良好的工艺性能和使用性能，或者为进一步淬火做组织准备。

①完全退火和等温退火。完全退火又称重结晶退火，简称退火，这种退火主要用于亚共析成分的各种碳钢和合金钢的铸、锻件及热轧型材，有时也用于焊接结构。一般常作为一些不重工件的最终热处理，或作为某些工件的预先热处理。

②球化退火。球化退火主要用于过共析的碳钢及合金工具钢（如制造刃具、量具、模具所用的钢种）。其主要目的在于降低硬度，改善切削加工性，并为以后淬火做好准备。

③去应力退火。去应力退火又称低温退火（或高温回火），这种退火主要用来消除铸件、锻件、焊接件、热轧件、冷拉件等的残余应力。如果这些应力不予消除，将会导致钢件在一定时间以后，或在随后的切削加工过程中产生变形或裂纹。

(2) 淬火。

淬火是将工件加热保温后，在水、油或其他无机盐、有机水溶液等淬冷介质中快速冷却。用盐水淬火的工件容易得到高的硬度和光洁的表面，不容易产生淬不硬的缺点，但却易使工件严重变形，甚至发生开裂。用油做淬火介质只适用于过冷奥氏体稳定性比较大的一些合金钢或小尺寸的碳钢工件的淬火。等温淬火的工艺过程如图 1 – 4 所示。

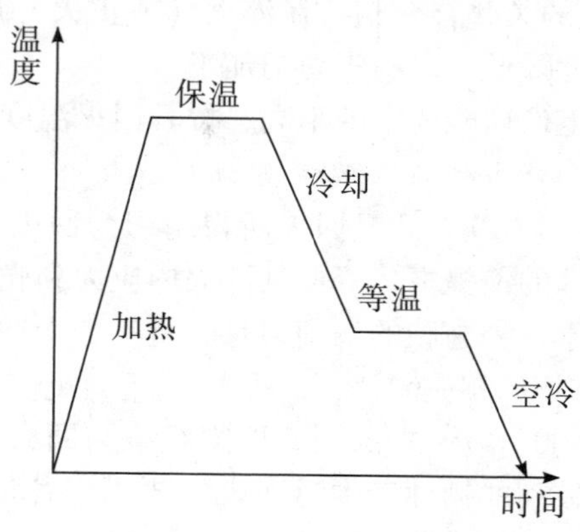

图 1－4　等温淬火的工艺过程

常用淬火介质的一般技术要求及应用范围：

①水及水溶液。水，清洁、流动（或循环、搅拌），水温 20～40 ℃；无机物水溶液，按要求选择常用浓度（质量分数 5%～15%）、高浓度（质量分数≥20%，饱和浓度），液温 20～45 ℃，循环或搅拌 pH 值 6.5～8.5，用于碳素结构钢合金结构碳素工具钢；有机物水溶液，按专用产品技术条件及要求选择低浓度、中等浓度、高浓度（因介质而异），液温 20～50 ℃，搅拌或热循环 pH 值为 6.5～8.5（或按专门规定），用于碳素结构钢合金结构钢轴承钢弹簧钢碳素工具钢合金工具钢铝合金。

②热浴盐浴。使用温度允许波动范围 ±20 ℃，按要求选择配方硝盐浴，氯离子≤0.3%（质量分散）、硫酸根≤0.5%，pH 值 6.5～8.5，ω（C）≥0.45%（质量分散），用于碳素结构钢碳素工具钢合金结构钢合金工具钢高速钢；碱浴使用温度允许波动范围 ±10 ℃，配方碳酸根≤4%。

③煤油是一种含碳的有机液体，其中烷烃 C_nH_{2n+2} 占 60%～65%，环烷烃 C_nH_{2n} 占 20%～30%，其他烃 C_nH_{2n-6} 占 7%～10%。它在高温下才能裂解（下限 875 ℃），裂解后的过剩碳较多，易形成炭黑和结焦。滴量增加则碳势增加，加快了渗速，提高了渗碳层的厚度，使它的抗压碎值提高。但当滴量太大时，在炉内碳势增加的同时，将产生炭黑包围着渗碳钢珠，使渗速降低；还由于碳势增加，造成渗碳和表层的过渡区产生过大的浓度梯度，裂纹在过渡区易产生和扩展。

（3）回火。

淬火后钢件变硬，但同时变脆，为了降低钢件的脆性，将淬火后的钢件在高于室温而低于 650 ℃的某一适当温度进行长时间的保温，再进行冷却，这种工艺称为回火。

①回火的目的。

a. 降低脆性，消除或减少内应力。钢件淬火后存在很大的内应力和脆性，如不及时回火，往往会使钢件发生变形甚至开裂。

b. 获得工件所要求的机械性能。工件经淬火后硬度高而脆性大，为了满足各种工件的不同性能的要求，可以通过适当回火的配合来调整硬度，降低脆性，得到所需要的韧性和塑性。

c. 对于退火难以软化的某些合金钢，在淬火（或正火）后常采用高温回火，使钢中碳化物适当聚集，将硬度降低，以利于切削加工。

②回火的类型。根据工件性能要求的不同，按其回火温度的不同，可将回火分为以下几种：

a. 低温回火（150～250 ℃）。低温回火所得组织为回火马氏体。其目的是在保持淬火钢的高硬度和高耐磨性的前提下，降低其淬火内应力和脆性，以免使用时崩裂或过早损坏。低温回火主要用于各种高碳的切削刃具、量具、冷冲模具、滚动轴承以及渗碳件等，回火后硬度一般为 HRC 58～64。

b. 中温回火（350～500 ℃）。中温回火所得组织为回火托氏体，其目的是获得高的屈服强度、弹性极限和较高的韧性。中温回火主要用于各种弹簧和热作模具的处理，回火后硬度一般为 HRC 35～50。

c. 高温回火（500～650 ℃）。高温回火所得组织为回火索氏体。习惯上将淬火加高温回火相结合的热处理称为调质处理，其目的是获得强度、硬度、塑性和韧性都较好的综合机械性能。高温回火广泛用于汽车、拖拉机、机床等的重要结构零件，如连杆、螺栓、齿轮及轴类。回火后硬度一般为 HRC 200～330。

（4）正火。

正火是将工件加热到适宜的温度后在空气中冷却，正火的效果同退火相似，只是得到的组织更细小，常用于改善材料的切削性能，也有时用于对一些要求不高的零件作为最终热处理。

①正火工艺。正火的加热温度：化学成分 AC3 以上为 50～100 ℃，ACm 线以上为 30～50 ℃。保温时间主要取决于工件有效厚度和加热炉的型号，如在箱式炉中加热时，可以按每毫米有效厚度保温 1 分钟计算。保温后一般可在空气中冷却，但一些大型工件或在气温较高的夏天，有时也采用吹风或喷雾冷却。

②正火后组织与性能。正火实质上是退火的一个特例，两者不同之处主要在于正火冷却速度较快，过冷度较大，因而发生了伪共析转变，使组织中珠光量增多，且珠光体的片层间距变小。应该指出，某些高合金钢空冷后，能获得贝氏体或马氏体组织。由于正火后组织上的这一特点，故正火后的强度、硬度、韧性都比退火后的高，且塑性并不降低。

③正火的应用。正火与退火相比，钢的机械性能高、生产周期短、能耗少，因此在可能条件下，应优先考虑采用正火处理。目前的应用如下：

a. 作为普通结构零件的最终热处理。

b. 改善低碳钢和低碳合金钢的切削加工性。

c. 作为中碳结构钢制作的较重要零件的预先热处理。

d. 消除过共析钢中的网状二次渗碳体，为球化退火做好组织准备。

e. 对一些大型的或形状较复杂的零件，淬火可能有开裂的危险，正火可代替淬火、回火而作为这类零件的最终热处理。为了增加低碳钢的硬度，可适当提高正火温度。

3. 化学热处理

化学热处理是通过改变工件表层化学成分、组织及性能的金属热处理工艺。化学热处理与表面热处理不同之处是后者改变了工件表层的化学成分。化学热处理是将工件放在含碳、氮或其他元素的介质（气体、液体、固体）中加热，保温较长时间，从而使工件表层渗入这些元素。渗入元素后，有时还要进行其他热处理工艺，如淬火及回火。

（1）氧氮共渗。

当钢在渗氮的同时通入一些含氧的介质，即可实现氧氮共渗处理。处理后的工件兼有蒸汽处理和渗氮处理的共同优点。

①氧氮共渗的特点。氧氮共渗后，其渗层可分三个区：表面氧化膜区、次表层氧化区和渗氮区。表面氧化膜区与次表层氧化区厚度相近，一般为2～4 μm。氧氮共渗后形成的多孔 Fe_3O_4 层具有良好的减摩擦性能、散热性能及抗黏着性能。氧氮共渗主要用于高速钢刀具的表面处理。

②氧氮共渗介质。氧氮共渗一般用得较多的介质是不同浓度的氨水。氮原子向内扩散形成渗氮层，水分解形成氧原子向内扩散形成氧化层并在工件表面形成黑色氧化膜。

③氧氮共渗工艺。氧氮共渗时的温度一般为540～590 ℃，时间通常为1～2小时，氨水浓度以25%～30%为宜。排气升温时通氨量应加大些，以利于迅速排空炉内空气；共渗期间通氨量应适中，降温及扩散时应减少通氨量。热处理炉可采用由1Cr18Ni9Ti不锈钢制成炉罐的井式氮化炉，炉罐应保持密封性（最好采用真空水冷橡胶密封），炉顶应有一台密封循环风扇，炉内保持300～1 000 Pa的正压。

（2）碳氮共渗。

碳氮共渗是向钢的表层同时渗入碳和氮的过程，习惯上又称为氰化。目前以中温气体碳氮共渗和低温气体碳氮共渗（即气体软氮化）应用较为广泛，中温气体碳氮共渗的主要目的是提高钢的硬度、耐磨性和抗疲劳强度；低温气体碳氮共渗以渗氮为主，其主要目的是提高钢的耐磨性和抗咬合性。

（3）渗碳处理。

渗碳使表层马氏体开始转变温度点下降，可导致淬火时马氏体转变顺序颠倒，即中心部位首先发生马氏体转变而后才波及表面，可获得表层残余应力而提高抗疲劳强度。渗碳后进行等温淬火，可保证中心部位马氏体转变充分之后表层组织转变才开始进行，使工件获得比直接淬火更大的表层残余应力，可进一步提高渗碳件的抗疲劳强度。其化学反应式如下：

$$2CO \rightarrow [C] + CO_2$$

$$Fe + [C] \rightarrow FeC$$

$$CH_4 \rightarrow [C] + 2H_2$$

（4）氮化。

氮化是向钢的表面层渗入氮原子的过程，其目的是提高表面硬度、耐磨性、抗疲劳强度和抗腐蚀性。它是利用氨气在加热时分解出活性氮原子，被钢吸收后在其表面形成氮化层，同时向中心部位扩散。

氮化通常利用专门设备或井式渗碳炉来处理。氮化处理适用于各种高速传动精密齿轮、机床主轴（如镗杆、磨床主轴）、高速柴油机曲轴、阀门等。

氮化工件工艺路线为：锻造→退火→粗加工→调质→精加工→除应力→粗磨→氮化→精磨或研磨。

由于氮化层薄，且较脆，因此要求要有较高强度的中心部组织，所以要先进行调质热处理，获得回火索氏体，提高中心部位机械性能和氮化层质量。

钢在氮化后，不再需要进行淬火便具有很高的表面硬度（大于 HV850）及耐磨性。

氮化处理温度低，它与渗碳、感应表面淬火相比，其变形小得多。其化学反应式如下：

$$2NH_3 \rightarrow 2\ [N]\ + 3H_2$$

$$Fe + \ [N]\ \rightarrow FeN$$

（5）铍青铜的热处理。

铍青铜是一种用途极广的沉淀硬化型合金，经固溶及时效处理后，强度可达 1 250 ~ 1 500 MPa（1 250 ~ 1 500 kg）。其热处理特点是：固溶处理后具有良好的塑性，可进行冷加工变形；再进行时效处理后，具有极好的弹性极限，同时硬度、强度也得到提高。

①铍青铜的固溶处理。一般固溶处理的加热温度在 780 ~ 820 ℃之间；对用作弹性组件的材料，采用 760 ~ 780 ℃，主要是防止晶粒粗大影响强度。固溶处理炉温均匀度应严格控制在 ±5 ℃，保温时间一般可按每小时 25 分钟计算。

铍青铜在空气或氧化性气氛中进行固溶加热处理时，表面会形成氧化膜，虽然对时效强化后的力学性能影响不大，但会影响其冷加工时模具的使用寿命。为避免氧化，应在真空炉或氨分解炉、惰性气体、还原性气氛（如氢气、一氧化碳等）中加热，从而获得光亮的热处理效果。此外，还要注意尽量缩短转移时间（淬火时），否则会影响时效后的机械性能，薄形材料不得超过 3 秒，一般零件不超过 5 秒。淬火介质一般采用水（无加热的要求），为了避免变形，形状复杂的零件也可采用油。

②铍青铜的时效处理。铍青铜的时效温度与铍（Be）的含量有关，含铍小于 2.1% 的合金均宜进行时效处理。对于含铍大于 1.7% 的合金，最佳时效温度为 300 ~ 330 ℃，保温时间 1 ~ 3 小时（根据零件形状及厚度）；含铍低于 0.5% 的高导电性电极合金，由于熔点升高，最佳时效温度为 450 ~ 480 ℃，保温时间 1 ~ 3 小时。近年来还发展出了双级和多级时效，即先在高温短时时效处理，而后在低温下长时间保温时效处理，这样做的优点是性能提高但变形量减小。为了提高铍青铜时效处理后的尺寸精度，可采用夹具夹持进行时效处理，有时还可采用两段分开时效处理。

③铍青铜的去应力处理。铍青铜去应力退火温度为 150 ~ 200 ℃，保温时间 1 ~ 1.5 小时，可用于消除因金属切削加工、校直处理、冷成形等产生的残余应力，稳定零件在长期使用时的形状及尺寸精度。

4. 表面热处理

表面热处理是指通过对工件表层的加热、冷却，改变表层组织结构，获得所需性能的金属热处理工艺。钢件的表面热处理，可获得表面高硬度的马氏体组织，而保留心部的韧性和塑性，提高工件的综合机械性能。如对一些轴类、齿轮和承受变向负荷的零件，可通过表面热处理，使表面具有较高的抗磨损能力，使工件整体的抗疲劳能力大大提高。表面热处理最主要的内容是钢件的表面淬火，可分为火焰表面淬火和感应加热表面淬火。

表面热处理原理是通过不同的热源对工件进行快速加热，当零件表层温度达到临界点以上（此时工件心部温度处于临界点以下）时迅速予以冷却，这样工件表层得到了淬硬组织而心部仍保持原来的组织。为了达到只加热工件表层的目的，要求所用热源具有较高的能量密度。

2　工艺规程制订

加工工艺规程卡有机械加工工艺过程卡和零件加工各工序的机械加工工艺过程卡，一般以表格形式绘制在A4图幅上。本项目以各类零件大批量生产典型零件机械加工工艺规程卡为案例，供学生实训时参考。

2.1　轴类零件加工

2.1.1　轴类零件的功能作用及基本特点

轴类零件是机械中经常遇到的典型零件之一，它主要用来支撑传动零部件，传递扭矩和承受载荷。轴类零件是旋转体零件，其长度大于直径，一般由同心轴的外圆柱面、圆锥面、内孔和螺纹及相应的端面组成。根据结构形状的不同，轴类零件可分为光轴、阶梯轴、空心轴和曲轴等。

轴的长度与直径比小于5的称为短轴，大于20的称为细长轴，大多数轴介于这两者之间。轴用轴承支撑，与轴承配合的轴段称为轴颈。轴颈是轴的装配基准，它们的精度和表面质量一般要求较高，其技术要求一般根据轴的主要功用和工作条件制定。

2.1.2　轴类零件的技术要求

1. 尺寸精度

起支撑作用的轴颈为了确定轴的位置，通常对其尺寸精度要求较高（IT5～IT7），装配传动件的轴颈尺寸精度一般要求较低（IT6～IT9）。

2. 几何形状精度

轴类零件的几何形状精度主要是指轴颈、外锥面、莫氏锥孔等的圆度、圆柱度等，一般应将其公差限制在尺寸公差范围内。对精度要求较高的内外圆表面，应在图纸上标注其允许偏差。

3. 位置精度

轴类零件的位置精度要求主要是由轴在机械中的位置和功用决定的，通常应保证装配传动件的轴颈对支撑轴颈的同轴度要求，否则会影响传动件（齿轮等）的传动精度，并产生噪声。普通精度的轴，其配合轴段对支承轴颈的径向跳动一般为0.01～0.03 mm，高精度轴（如主轴）的径向跳动通常为0.001～0.005 mm。

4. 表面粗糙度

一般与传动件相配合的轴颈表面粗糙度为*Ra* 0.63～2.5μm，与轴承相配合的支承轴劲表面粗糙度为*Ra* 0.16～0.63 μm。

2.1.3 典型轴类零件加工工艺规程卡

<table>
<tr><td rowspan="2">（单位）</td><td rowspan="2" colspan="4">机械加工工艺过程卡</td><td>产品型号</td><td></td><td>零件图号</td><td></td><td colspan="2">共 11 页</td></tr>
<tr><td>产品名称</td><td>输出轴</td><td>零件名称</td><td>输出轴</td><td colspan="2">第 1 页</td></tr>
<tr><td>材料牌号</td><td>ZG45</td><td>毛坯种类</td><td>铸件</td><td>毛坯外形尺寸/mm</td><td></td><td>每件毛坯可制件数</td><td>1</td><td>每台件数</td><td></td><td></td></tr>
</table>

<table>
<tr><td rowspan="2">工序号</td><td rowspan="2">工序名称</td><td rowspan="2">工序内容</td><td rowspan="2">车间</td><td rowspan="2">工段</td><td rowspan="2">设备</td><td rowspan="2">工艺装备</td><td colspan="2">工时</td></tr>
<tr><td>准终</td><td>单件</td></tr>
<tr><td>1</td><td>锻造</td><td>锻造毛坯</td><td></td><td></td><td></td><td></td><td></td><td></td></tr>
<tr><td>2</td><td>热处理</td><td>退火（消除内应力）</td><td></td><td></td><td></td><td></td><td></td><td></td></tr>
<tr><td>3</td><td>粗半精车</td><td>粗车左端面，钻中心孔，粗车各圆柱面，留半精车、精车余量</td><td></td><td></td><td>车床 CA6140</td><td>三爪卡盘</td><td></td><td></td></tr>
<tr><td>4</td><td>车</td><td>粗车、精车右端面</td><td></td><td></td><td>车床 CA6140</td><td>三爪卡盘</td><td></td><td></td></tr>
<tr><td>5</td><td>车</td><td>粗车、精车∅176 mm 外圆柱面，倒角</td><td></td><td></td><td>车床 CA6140</td><td>三爪卡盘</td><td></td><td></td></tr>
<tr><td>6</td><td>热处理</td><td>调质</td><td></td><td></td><td></td><td></td><td></td><td></td></tr>
<tr><td>7</td><td>车</td><td>半精车左端各圆柱面到要求</td><td></td><td></td><td>车床 CA6140</td><td>三爪卡盘</td><td></td><td></td></tr>
<tr><td>8</td><td>车</td><td>精车左端各台阶到要求，倒角</td><td></td><td></td><td>车床 CA6140</td><td>三爪卡盘</td><td></td><td></td></tr>
<tr><td>9</td><td>钻</td><td>钻∅55 mm 底孔，扩∅80 mm，车∅104 mm 孔，留镗孔余量</td><td></td><td></td><td>车床 CA6140</td><td>YB－211</td><td></td><td></td></tr>
<tr><td>10</td><td>镗</td><td>镗∅80 mm 孔到要求，倒角</td><td></td><td></td><td>车床 CA6140</td><td>Z5125</td><td></td><td></td></tr>
<tr><td>11</td><td>车</td><td>倒角</td><td></td><td></td><td>车床 CA6140</td><td>X6135</td><td></td><td></td></tr>
<tr><td>12</td><td>钻</td><td>铣∅50 mm，钻、扩、铰∅20 mm 到要求</td><td></td><td></td><td>车床 YB－211</td><td>C5116</td><td></td><td></td></tr>
<tr><td>13</td><td>铣</td><td>铣键槽</td><td></td><td></td><td>车床 C5116</td><td>C5116</td><td></td><td></td></tr>
<tr><td>14</td><td>去毛刺</td><td>去除全部毛刺</td><td></td><td></td><td></td><td>钳工台</td><td></td><td></td></tr>
<tr><td>15</td><td>终检</td><td>按零件图样要求全面检查</td><td></td><td></td><td></td><td></td><td></td><td></td></tr>
</table>

<table>
<tr><td>标记</td><td>处数</td><td>更改文件号</td><td>签字</td><td>日期</td><td>标记</td><td>处数</td><td>更改文件号</td><td>签字</td><td>日期</td><td>设计（日期）</td><td>校对（日期）</td><td>审核（日期）</td><td>标准化（日期）</td><td>会签（日期）</td></tr>
<tr><td></td><td></td><td></td><td></td><td></td><td></td><td></td><td></td><td></td><td></td><td></td><td></td><td></td><td></td><td></td></tr>
</table>

（单位）	机械加工工序卡	产品型号		零件图号		共 11 页
		产品名称	输出轴	零件名称	输出轴	第 2 页

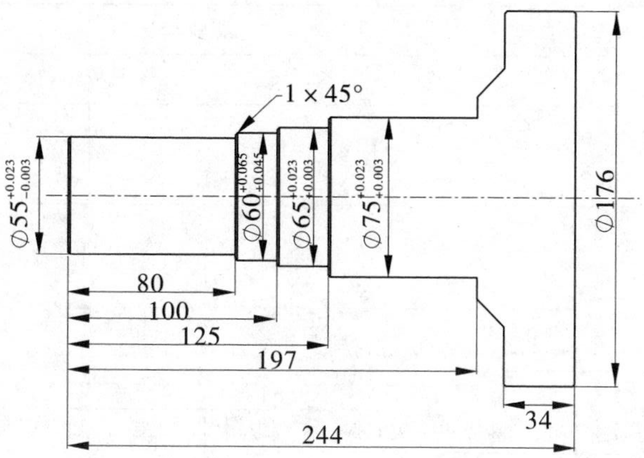

车间	工序号	工序名称	材料牌号
	3	粗半、精车	ZG45
毛坯种类	毛坯外形尺寸/mm	每毛坯可制件数	每台件数
铸件			
设备名称	设备型号	设备编号	同时加工件数
车床	CA6140		
夹具编号	夹具名称	切削液	
01	粗铣 *N* 面夹具		
工位器具编号	工位器具名称	工序工时/min	
		准终	单件

1×45°
$\varnothing 55^{+0.023}_{-0.003}$
$\varnothing 60^{+0.065}_{+0.045}$
$\varnothing 65^{+0.023}_{+0.003}$
$\varnothing 75^{+0.023}_{+0.003}$
$\varnothing 176$
80
100
125
197
34
244

工步号	工步内容	工艺装备	主轴转速/(r·min^{-1})	切削速度/(m·min^{-1})	进给量/(mm·r^{-1})	切削深度/mm	进给次数	工步工时/h 机动	工步工时/h 辅助
1	装夹								
2	粗车左端面	CA6140	110	45.6	0.65	1.5	1	0.13	
3	钻中心孔	CA6140	110	45.6	1.3	1.5	1	0.13	
4	粗车∅75 mm，∅65 mm，∅60 mm，∅55 mm	CA6140	110	45.6	0.65	1.5	1	0.13	

标记	处数	更改文件号	签字	日期	标记	处数	更改文件号	签字	日期	设计（日期）	校对（日期）	审核（日期）	标准化（日期）	会签（日期）

（单位）	机械加工工序卡	产品型号		零件图号		共 11 页
		产品名称	输出轴	零件名称	输出轴	第 3 页

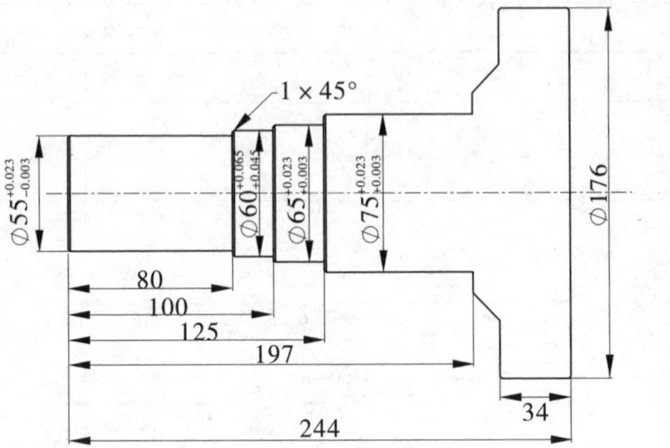

车间	工序号	工序名称	材料牌号
	4	车	ZG45
毛坯种类	毛坯外形尺寸/mm	每毛坯可制件数	每台件数
铸件			
设备名称	设备型号	设备编号	同时加工件数
车床	CA6140		
夹具编号	夹具名称	切削液	
05	粗铣 N 面夹具		
工位器具编号	工位器具名称	工序工时/min	
		准终	单件

1×45°

$\varnothing 55^{+0.023}_{-0.003}$　$\varnothing 60^{+0.065}_{+0.045}$　$\varnothing 65^{+0.023}_{+0.003}$　$\varnothing 75^{+0.023}_{+0.003}$　$\varnothing 176$

80　100　125　197　244　34

工步号	工步内容	工艺装备	主轴转速 /(r·min^{-1})	切削速度 /(m·min^{-1})	进给量 /(mm·r^{-1})	切削深度 /mm	进给次数	工步工时/h 机动	工步工时/h 辅助
1	装夹								
2	粗车右端面	CA6140	110	45.6	0.65	1.5	1		
3	精车右端面	CA6140	110	45.6	1.3	1.5	1		

标记	处数	更改文件号	签字	日期	标记	处数	更改文件号	签字	日期	设计（日期）	校对（日期）	审核（日期）	标准化（日期）	会签（日期）

（单位）	机械加工工序卡	产品型号		零件图号		共 11 页
		产品名称	输出轴	零件名称	输出轴	第 4 页

车间	工序号	工序名称	材料牌号
	5	车	ZG45
毛坯种类	毛坯外形尺寸/mm	每毛坯可制件数	每台件数
铸件			
设备名称	设备型号	设备编号	同时加工件数
车床	CA6140		
夹具编号	夹具名称	切削液	
05	粗铣 *N* 面夹具		
工位器具编号	工位器具名称	工序工时/min	
		准终	单件

工步号	工步内容	工艺装备	主轴转速 /(r·min^{-1})	切削速度 /(m·min^{-1})	进给量 /(mm·r^{-1})	切削深度 /mm	进给次数	工步工时/h 机动	工步工时/h 辅助
1	装夹								
2	粗车、精车∅176 mm 外圆柱面	CA6140	100		0.5	1.5	1		
3	倒角	CA6140	100		0.5	1.5	1		

标记	处数	更改文件号	签字	日期	标记	处数	更改文件号	签字	日期	设计（日期）	校对（日期）	审核（日期）	标准化（日期）	会签（日期）

（单位）	机械加工工序卡	产品型号		零件图号		共 11 页
		产品名称	输出轴	零件名称	输出轴	第 5 页

车间	工序号	工序名称	材料牌号
	7	车	ZG45
毛坯种类	毛坯外形尺寸/mm	每毛坯可制件数	每台件数
铸件			
设备名称	设备型号	设备编号	同时加工件数
车床	CA6140		
夹具编号	夹具名称	切削液	
05	粗铣 N 面夹具		
工位器具编号	工位器具名称	工序工时/min	
		准终	单件

工步号	工步内容				工艺装备		主轴转速/(r·min^{-1})	切削速度/(m·min^{-1})	进给量/(mm·r^{-1})	切削深度/mm	进给次数	工步工时/h 机动	工步工时/h 辅助
1	装夹												
2	半精车∅75 mm，∅65 mm，∅60 mm，∅55 mm				CA6140		110	44	0.2	0.2	1		
标记	处数	更改文件号	签字	日期	标记	处数	更改文件号	签字	日期	设计（日期）	校对（日期）	审核（日期）	标准化（日期）	会签（日期）

（单位）	机械加工工序卡	产品型号		零件图号		共 11 页
		产品名称	输出轴	零件名称	输出轴	第 6 页

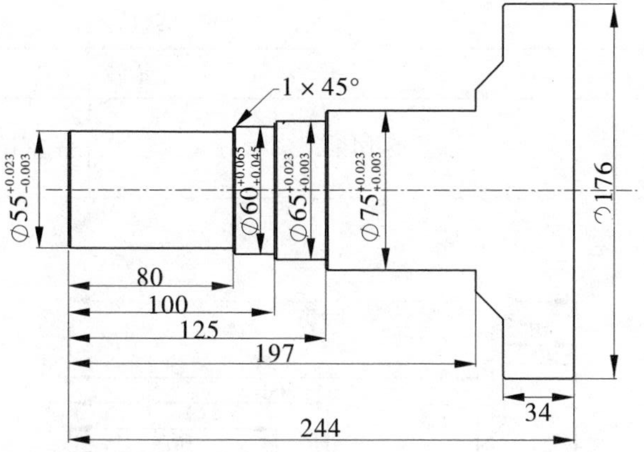

1 × 45°
$\varnothing 55^{+0.023}_{-0.003}$
$\varnothing 60^{+0.065}_{+0.045}$
$\varnothing 65^{+0.023}_{+0.003}$
$\varnothing 75^{+0.023}_{+0.003}$
⌒176
80
100
125
197
34
244

车间	工序号	工序名称	材料牌号
	8	车	ZG45
毛坯种类	毛坯外形尺寸/mm	每毛坯可制件数	每台件数
铸件			
设备名称	设备型号	设备编号	同时加工件数
车床	CA6140		
夹具编号	夹具名称	切削液	
04	粗铣 *N* 面夹具		
工位器具编号	工位器具名称	工序工时/min	
		准终	单件

工步号	工步内容	工艺装备	主轴转速 /$(r \cdot min^{-1})$	切削速度 /$(m \cdot min^{-1})$	进给量 /$(mm \cdot r^{-1})$	切削深度 /mm	进给次数	工步工时/h 机动	工步工时/h 辅助
1	装夹								
2	精车左端各台阶	CA6140	100		0.5	1.5	1		
3	倒角	CA6140	100		0.5	1.5	1		

标记	处记	更改文件号	签字	日期	标记	处记	更改文件号	签字	日期	设计（日期）	校对（日期）	审核（日期）	标准化（日期）	会签（日期）

（单位）	机械加工工序卡	产品型号		零件图号		共 11 页
		产品名称	输出轴	零件名称	输出轴	第 7 页

车间	工序号	工序名称		材料牌号
	9	钻		ZG45
毛坯种类	毛坯外形尺寸/mm	每毛坯可制件数		每台件数
铸件				
设备名称	设备型号	设备编号		同时加工件数
车床	CA6140			
夹具编号	夹具名称	切削液		
06	粗铣 *N* 面夹具			
工位器具编号	工位器具名称	工序工时/min		
		准终	单件	

工步号	工步内容	工艺装备	主轴转速 /(r · min^{-1})	切削速度 /(m · min^{-1})	进给量 /(mm · r^{-1})	切削深度 /mm	进给次数	工步工时/h 机动	工步工时/h 辅助
1	装夹								
2	钻∅55 mm	YB－211	287	72	0. 12	1	1		
3	扩孔∅80 mm，∅104 mm 留镗孔余量	YB－211	287	72	0. 12	1	1		

标记	处数	更改文件号	签字	日期	标记	处数	更改文件号	签字	日期	设计（日期）	校对（日期）	审核（日期）	标准化（日期）	会签（日期）

（单位）	机械加工工序卡	产品型号		零件图号		共 11 页
		产品名称	输出轴	零件名称	输出轴	第 8 页

车间	工序号	工序名称	材料牌号
	10	镗	ZG45
毛坯种类	毛坯外形尺寸/mm	每毛坯可制件数	每台件数
铸件			
设备名称	设备型号	设备编号	同时加工件数
车床	CA6140		
夹具编号	夹具名称	切削液	
04	粗铣 N 面夹具		
工位器具编号	工位器具名称	工序工时/min	
		准终	单件

1×45°
$\varnothing55^{+0.023}_{-0.003}$ $\varnothing60^{+0.065}_{+0.045}$ $\varnothing65^{+0.023}_{+0.003}$ $\varnothing75^{+0.023}_{+0.003}$ $\varnothing30$ $\varnothing80^{+0.042}_{+0.012}$ $\varnothing104$
10 13 34 40 80 100 125 197 244

工步号	工步内容	工艺装备	主轴转速 /(r·min^{-1})	切削速度 /(m·min^{-1})	进给量 /(mm·r^{-1})	切削深度 /mm	进给次数	工步工时/h 机动	工步工时/h 辅助
1	装夹								
2	镗孔∅80 mm	Z5125	100		0. 5	1. 5	1		
3	倒角	Z5125	100		0. 5	1. 5	1		

标记	处数	更改文件号	签字	日期	标记	处数	更改文件号	签字	日期	设计（日期）	校对（日期）	审核（日期）	标准化（日期）	会签（日期）

(单位)	机械加工工序卡	产品型号		零件图号		共 11 页
		产品名称	输出轴	零件名称	输出轴	第 9 页

车间	工序号	工序名称		材料牌号
	11	车		ZG45
毛坯种类	毛坯外形尺寸/mm	每毛坯可制件数		每台件数
铸件				
设备名称	设备型号	设备编号		同时加工件数
车床	CA6140			
夹具编号	夹具名称	切削液		
06	粗铣 *N* 面夹具			
工位器具编号	工位器具名称	工序工时/min		
		准终	单件	

工步号	工步内容	工艺装备	主轴转速/(r·min^{-1})	切削速度/(m·min^{-1})	进给量/(mm·r^{-1})	切削深度/mm	进给次数	工步工时/h 机动	工步工时/h 辅助
1	装夹								
2	倒角	X6135	287	72	0.12	1	1		

标记	处数	更改文件号	签字	日期	标记	处数	更改文件号	签字	日期	设计（日期）	校对（日期）	审核（日期）	标准化（日期）	会签（日期）

（单位）	机械加工工序卡	产品型号		零件图号		共 11 页
		产品名称	输出轴	零件名称	输出轴	第 10 页

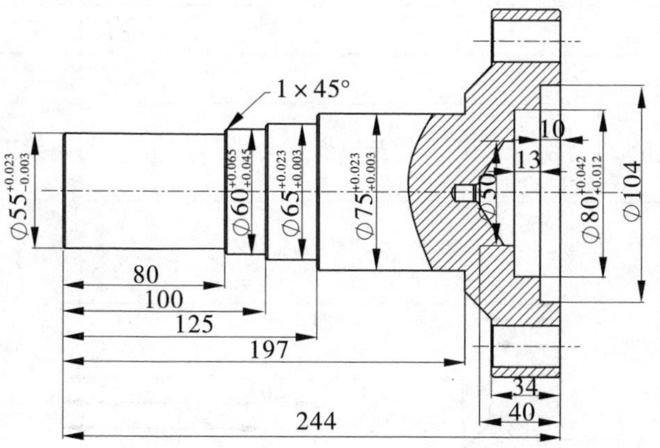

车间	工序号	工序名称	材料牌号
	12	钻	ZG45
毛坯种类	毛坯外形尺寸/mm	每毛坯可制件数	每台件数
铸件			
设备名称	设备型号	设备编号	同时加工件数
车床	YB－211		
夹具编号	夹具名称	切削液	
07	粗铣 *N* 面夹具		
工位器具编号	工位器具名称	工序工时/min	
		准终	单件

工步号	工步内容	工艺装备	主轴转速 /(r·min⁻¹)	切削速度 /(m·min⁻¹)	进给量 /(mm·r⁻¹)	切削深度 /mm	进给次数	工步工时/h 机动	工步工时/h 辅助
1	装夹								
2	铣∅50 mm 端面	C5116	110	44	0.2	0.2	1		
3	钻∅20 mm，扩、铰∅20 mm 孔	C5116	100		0.5	1.5	1		

标记	处数	更改文件号	签字	日期	标记	处数	更改文件号	签字	日期	设计（日期）	校对（日期）	审核（日期）	标准化（日期）	会签（日期）

（单位）	机械加工工序卡	产品型号		零件图号		共 11 页	
		产品名称	输出轴	零件名称	输出轴	第 11 页	
		车间	工序号		工序名称		材料牌号
			13		铣		ZG45
		毛坯种类	毛坯外形尺寸/mm		每毛坯可制件数		每台件数
		铸件					
		设备名称	设备型号		设备编号		同时加工件数
		车床	C5116				
		夹具编号	夹具名称		切削液		
		07	粗铣 N 面夹具				
		工位器具编号	工位器具名称		工序工时/min		
					准终		单件

工步号	工步内容	工艺装备	主轴转速/(r·min^{-1})	切削速度/(m·min^{-1})	进给量/(mm·r^{-1})	切削深度/mm	进给次数	工步工时/h 机动	工步工时/h 辅助
1	装夹								
2	铣键槽	C5116	110	44	0.2	0.2	1		

标记	处数	更改文件号	签字	日期	标记	处数	更改文件号	签字	日期	设计（日期）	校对（日期）	审核（日期）	标准化（日期）	会签（日期）

2.2 套类零件加工

2.2.1 套类零件的功能作用及基本特点

套类零件是指直径尺寸较大而长度尺寸相对较小的回转体零件（一般长度与直径比小于1），如图1-5所示。套类零件是机械加工中经常碰到的一类零件，其应用范围很广。套类零件通常起支撑和导向作用。套类零件结构上的共同特点：零件的主要表面为同轴度要求较高的内外回转面；零件的壁厚较薄易变形；长径比$\frac{L}{D}>1$；等等。

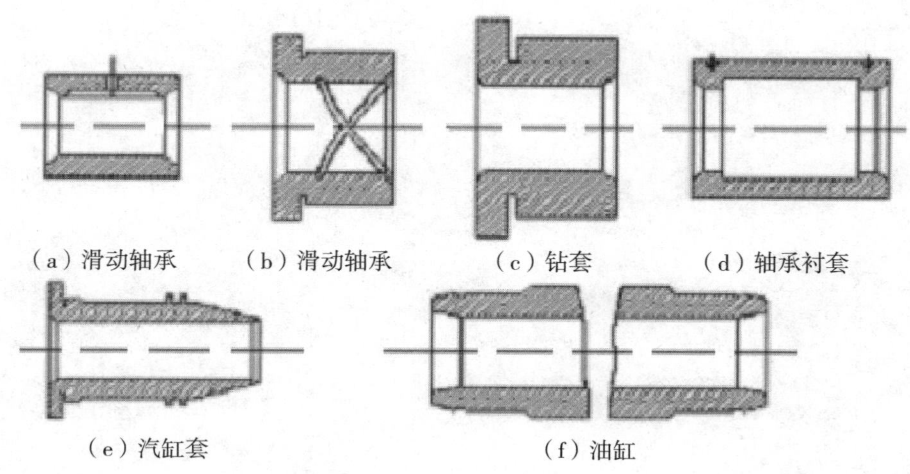

图1-5 常见的套类零件

2.2.2 套类零件的技术要求

套类零件的加工一般需要考虑尺寸精度、几何形状精度、相互位置精度、表面粗糙度等几个方面的技术要求。

1. 尺寸精度

内孔是套类零件起支撑或导向作用的最主要表面，它通常与运动着的轴、刀具或活塞等相配合。内孔直径的尺寸精度一般为IT7，精密轴套有时取IT6，油缸一般取IT9。

外圆表面一般是套类零件本身的支撑面，常以过盈配合或过渡配合同箱体或机架上的孔连接。外径的尺寸精度通常为IT6~IT7。也有一些套类零件外圆表面不需要加工。

2. 几何形状精度

内孔的几何形状精度应控制在孔径公差以内，有些精密轴套控制在孔径公差的1/2~1/3，甚至更严格。对于较长的套类零件，除了圆度要求外，还应注意孔的圆柱度。

3. 位置精度

当内孔的最终加工是在装配后进行时，套类零件本身的内外圆之间的同轴度精度要求较低；当最终加工是在装配前完成时，则精度要求较高，一般为0.01～0.05 mm。当套类零件的外圆表面不需要加工时，内外圆之间的同轴度要求很低。

当套类零件端面在工作中承受载荷，或不承受载荷但在加工中是作为定位基准面时，套孔轴线与端面的垂直度精度，要求较高，一般为0.01～0.05 mm。

4. 表面粗糙度

为保证套类零件的功能并提高其耐磨性，内孔表面粗糙度 Ra 值为0.16～2.5 μm，有的要求高达 Ra 0.04 μm。外表面粗糙度为 Ra 0.63～5 μm。

2.2.3 典型套类零件加工工艺规程卡

<table>
<tr><td colspan="2" rowspan="2">（单位）</td><td colspan="3" rowspan="2">机械加工工艺过程卡</td><td>零件图号</td><td colspan="2"></td><td colspan="2">共 8 页</td></tr>
<tr><td>零件名称</td><td colspan="2">轴套</td><td colspan="2">第 1 页</td></tr>
<tr><td>材料牌号</td><td>45 号钢</td><td>毛坯种类</td><td>锻件</td><td>毛坯外形尺寸/mm</td><td></td><td>每件毛坯可制件数</td><td>1</td><td>每台件数</td><td>1</td></tr>
<tr><td rowspan="2">工序号</td><td colspan="3" rowspan="2">工序内容</td><td rowspan="2">车间</td><td rowspan="2">工段</td><td rowspan="2">设备</td><td rowspan="2">工艺装备</td><td colspan="2">工时/h</td></tr>
<tr><td>准终</td><td>单件</td></tr>
<tr><td>1</td><td colspan="3">粗铣、半精铣轴套左右端面</td><td></td><td></td><td>立式铣床 X51</td><td>高速钢套式铣刀、游标卡尺</td><td></td><td>236.51</td></tr>
<tr><td>2</td><td colspan="3">粗铣、半精铣 C 平面</td><td></td><td></td><td>立式铣床 X51</td><td>高速钢套式铣刀、游标卡尺</td><td></td><td>227.95</td></tr>
<tr><td>3</td><td colspan="3">粗镗、半精镗、精镗∅74 mm，∅82 mm 内孔</td><td></td><td></td><td>立式钻床 Z525</td><td>高速钢镗刀、卡尺、塞规</td><td></td><td>678.98</td></tr>
<tr><td>4</td><td colspan="3">钻、铰∅10 mm 内孔，在∅10 mm 内孔上粗镗∅13.5 mm 定位孔，深度 8 mm</td><td></td><td></td><td>立式钻床 Z525</td><td>高速钢麻花钻头、高速钢镗刀、铰刀、卡尺、塞规</td><td></td><td>124.32</td></tr>
<tr><td>5</td><td colspan="3">粗车、半精车、精车定位孔左右端面</td><td></td><td></td><td>卧式车床 C630</td><td>端面车刀、游标卡尺</td><td></td><td>320.70</td></tr>
<tr><td>6</td><td colspan="3">粗车、半精车、精车各外圆表面</td><td></td><td></td><td>卧式车床 C630</td><td>45°外圆车刀、游标卡尺</td><td></td><td>500.38</td></tr>
<tr><td>7</td><td colspan="3">车螺纹</td><td></td><td></td><td>卧式车床 C630</td><td>螺纹刀、游标卡尺</td><td></td><td>60.95</td></tr>
<tr><td>8</td><td colspan="3">去毛刺</td><td></td><td></td><td>钳工台</td><td>平锉</td><td></td><td></td></tr>
<tr><td>9</td><td colspan="3">中检</td><td></td><td></td><td></td><td>塞规、百分表、卡尺等</td><td></td><td></td></tr>
<tr><td>10</td><td colspan="3">对各外圆表面进行淬火</td><td></td><td></td><td>淬火机</td><td></td><td></td><td></td></tr>
<tr><td>11</td><td colspan="3">清洗</td><td></td><td></td><td>清洗机</td><td></td><td></td><td></td></tr>
<tr><td>12</td><td colspan="3">终检</td><td></td><td></td><td></td><td>塞规、百分表、卡尺等</td><td></td><td></td></tr>
</table>

<table>
<tr><td>标记</td><td>处数</td><td>更改文件号</td><td>签字</td><td>日期</td><td>标记</td><td>处数</td><td>更改文件号</td><td>签字</td><td>日期</td><td>设计（日期）</td><td>校对（日期）</td><td>审核（日期）</td><td>标准化（日期）</td><td>会签（日期）</td></tr>
<tr><td></td><td></td><td></td><td></td><td></td><td></td><td></td><td></td><td></td><td></td><td></td><td></td><td></td><td></td><td></td></tr>
</table>

（单位）	机械加工工序卡	零件图号			共 8 页
		零件名称	轴套		第 2 页
		车间	工序号	工序名称	材料牌号
			1	粗铣、半精铣轴套左右端面	45 号钢
		毛坯种类	毛坯外形尺寸/mm	每件毛坯可制件数	每台件数
		锻件		1	1
		设备名称	设备型号	设备编号	同时加工件数
		立式铣床	X51		2

Ra3.2
190+0.057
191+0.057
192+0.23
193.5+0.23

夹具编号	夹具名称	切削液	
工位器具编号	工位器具名称	工序工时/min	
		准终	单件
			236.51

工步号	工步内容	工艺装备	主轴转速 /（r·min^{-1}）	切削速度 /（m·min^{-1}）	进给量 /（mm·r^{-1}）	切削深度 /mm	走刀次数	工时定额/h 基本	工时定额/h 辅助
1	粗铣左端面，控制尺寸（193.5 ± 0.23）mm	高速钢套式铣刀、游标卡尺	100	50.27	1.28	1.5	1	53.5	8.03
2	粗铣右端面，控制尺寸（192 ± 0.23）mm	高速钢套式铣刀、游标卡尺	100	50.27	1.28	1.5	1	53.5	8.03
3	半精铣左端面，控制尺寸（191 ± 0.057）mm	高速钢套式铣刀、游标卡尺	100	50.27	0.896	1	1	43.5	6.53
4	半精铣右端面，控制尺寸（190 ± 0.057）mm	高速钢套式铣刀、游标卡尺	100	50.27	0.896	1	1	43.5	6.53

标记	处数	更改文件号	签字	日期	标记	处数	更改文件号	签字	日期	设计（日期）	校对（日期）	审核（日期）	标准化（日期）	会签（日期）

（单位）	机械加工工序卡	零件图号			共 8 页
		零件名称	轴套		第 3 页
		车间	工序号	工序名称	材料牌号
			2	粗铣、半精铣 C 平面	45 号钢
		毛坯种类	毛坯外形尺寸/mm	每件毛坯可制件数	每台件数
		锻件		1	1
		设备名称	设备型号	设备编号	同时加工件数
		立式铣床	X51		1
		夹具编号	夹具名称	切削液	
		工位器具编号	工位器具名称	工序工时/min	
				准终	单件
					227.95

工步号	工步内容	工艺装备	主轴转速 /$(r \cdot min^{-1})$	切削速度 /$(m \cdot min^{-1})$	进给量 /$(mm \cdot r^{-1})$	切削深度 /mm	走刀次数	工时定额/h 基本	工时定额/h 辅助
1	粗铣 C 平面，控制尺寸（71 ± 0.23）mm	高速钢套式铣刀、游标卡尺	160	40.2	0.8	1.5	1	64	9.6
2	半精铣 C 平面，控制尺寸（70 ± 0.057）mm	高速钢套式铣刀、游标卡尺	180	45.24	0.4	1	1	123	18.45

标记	处数	更改文件号	签字	日期	标记	处数	更改文件号	签字	日期	设计（日期）	校对（日期）	审核（日期）	标准化（日期）	会签（日期）

（单位）	机械加工工序卡	零件图号			共 8 页
		零件名称	轴 套		第 4 页
		车间	工序号	工序名称	材料牌号
			3	粗镗、半精镗、精镗内孔	45 号钢
		毛坯种类	毛坯外形尺寸/mm	每件毛坯可制件数	每台件数
		锻件		1	1
		设备名称	设备型号	设备编号	同时加工件数
		立式钻床	Z525		1
		夹具编号	夹具名称	切削液	
		工位器具编号	工位器具名称	工序工时/min	
				准终	单件
					678.98

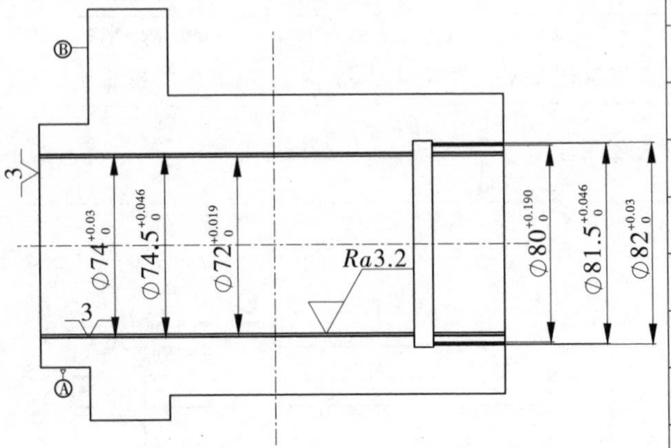

工步号	工步内容	工艺装备	主轴转速 /($r \cdot min^{-1}$)	切削速度 /($m \cdot min^{-1}$)	进给量 /($mm \cdot r^{-1}$)	切削深度 /mm	走刀次数	工时定额/h 基本	工时定额/h 辅助		
1	粗镗内孔，控制尺寸 $\varnothing72^{+0.190}_{0}$ mm，$\varnothing80^{+0.190}_{0}$ mm	高速钢镗刀、卡尺、塞规	140	31.67	0.5	1.5	1	136	20.4		
2	半精镗内孔，控制尺寸 $\varnothing74.5^{+0.046}_{0}$ mm，$\varnothing81.5^{+0.046}_{0}$ mm	高速钢镗刀、卡尺、塞规	195	45.03	0.4	0.75	1	118	17.7		
3	精镗内孔，控制尺寸 $\varnothing74^{+0.03}_{0}$ mm，$\varnothing82^{+0.03}_{0}$ mm	高速钢镗刀、卡尺、塞规	97	22.55	0.3	0.25	1	314	47.1		
标记	处数	更改文件号	签字	日期	标记	处数	更改文件号	签字	日期	设计（日期）	校对（日期）
审核（日期）	标准化（日期）	会签（日期）									

（单位）	机械加工工序卡	零件图号			共 8 页
		零件名称	轴套		第 5 页
		车间	工序号	工序名称	材料牌号
			4	钻、铰∅10 mm 内孔，粗镗∅13.5 mm 定位孔	45 号钢
		毛坯种类	毛坯外形尺寸/mm	每件毛坯可制件数	每台件数
		锻件		1	1
		设备名称	设备型号	设备编号	同时加工件数
		立式钻床	Z525		1
		夹具编号	夹具名称	切削液	
		工位器具编号	工位器具名称	工序工时/min	
				准终	单件
					124.32

工步号	工步内容	工艺装备	主轴转速 /$(r \cdot min^{-1})$	切削速度 /$(m \cdot min^{-1})$	进给量 /$(mm \cdot r^{-1})$	切削深度 /mm	走刀次数	工时定额/h 基本	工时定额/h 辅助
1	钻内孔，控制尺寸$\varnothing 9.8^{+0.015}_{0}$ mm	高速钢麻花钻头、铰刀、卡尺、塞规	680	20.94	0.2	9.8	1	50.04	7.5
2	粗铰内孔，控制尺寸$\varnothing 10^{+0.036}_{0}$ mm	高速钢麻花钻头、铰刀、卡尺、塞规	392	12.32	0.8	0.2	1	27.6	4.14
3	粗镗∅13.5 mm 定位孔，控制尺寸$\varnothing 13.5^{+0.036}_{0}$ mm	高速钢镗刀、铰刀、卡尺、塞规	140	31.67	0.5	1.75	1	24	3.6

标记	处数	更改文件号	签字	日期	标记	处数	更改文件号	签字	日期	设计（日期）	校对（日期）	审核（日期）	标准化（日期）	会签（日期）

（单位）	机械加工工序卡	零件图号			共 8 页
		零件名称	轴套		第 6 页
		车间	工序号	工序名称	材料牌号
			5	粗车、半精车、精车定位孔左右端面	45 号钢
		毛坯种类	毛坯外形尺寸/mm	每件毛坯可制件数	每台件数
		锻件		1	1
		设备名称	设备型号	设备编号	同时加工件数
		卧式车床	C630		1
		夹具编号	夹具名称	切削液	
		工位器具编号	工位器具名称	工序工时/min	
				准终	单件
					320.7

Ⓑ 3 3 $Ra3.2$ H80×2-6H $\varnothing 33.8^{+0.087}_{0}$ $\varnothing 35.4^{+0.22}_{0}$ $\varnothing 33^{+0.033}_{0}$

工步号	工步内容	工艺装备	主轴转速 /(r·min^{-1})	切削速度 /(m·min^{-1})	进给量 /(mm·r^{-1})	切削深度 /mm	走刀次数	工时定额/h 基本	辅助
1	粗车定位孔左右端面，控制尺寸$\varnothing 35.4^{+0.22}_{0}$ mm	端面车刀、游标卡尺	90	53.72	0.7	1.3	1	80.95	12.14
2	半精车定位孔左右端面，控制尺寸$\varnothing 33.8^{+0.087}_{0}$ mm	端面车刀、游标卡尺	150	89.53	0.35	0.8	1	97.14	14.57
3	精车定位孔左右端面，控制尺寸$\varnothing 33^{+0.033}_{0}$ mm	端面车刀、游标卡尺	200	119.38	0.3	0.4	1	85	12.75

标记	处数	更改文件号	签字	日期	标记	处数	更改文件号	签字	日期	设计（日期）	校对（日期）	审核（日期）	标准化（日期）	会签（日期）

(单位)	机械加工工序卡	零件图号			共 8 页
		零件名称	轴套		第 7 页
		车间	工序号	工序名称	材料牌号
			6	粗车、半精车、精车各外圆表面	45 号钢
		毛坯种类	毛坯外形尺寸/mm	每件毛坯可制件数	每台件数
		锻件		1	1
		设备名称	设备型号	设备编号	同时加工件数
		卧式车床	C630		1
		夹具编号	夹具名称	切削液	
		工位器具编号	工位器具名称	工序工时/min	
				准终	单件
					500.38

$\varnothing 192.4^{+0.46}_{0}$

$\varnothing 192.2^{+0.115}_{0}$

$\varnothing 190^{+0.046}_{0}$

C

工步号	工步内容	工艺装备	主轴转速 /(r·min^{-1})	切削速度 /(m·min^{-1})	进给量 /(mm·r^{-1})	切削深度 /mm	走刀次数	工时定额/h 基本	工时定额/h 辅助
1	粗车各外圆表面，控制尺寸 $\varnothing 192.4^{+0.46}_{0}$ mm	45°外圆车刀、游标卡尺	90	53.72	0.7	1.3	1	186.95	28.04
2	半精车各外圆表面，控制尺寸 $\varnothing 192.2^{+0.115}_{0}$ mm	45°外圆车刀、游标卡尺	150	89.53	0.35	0.6	1	223.54	33.53
3	精车各外圆表面，控制尺寸 $\varnothing 190^{+0.046}_{0}$ mm	45°外圆车刀、游标卡尺	200	119.38	0.3	0.6	1	195.6	29.34

标记	处数	更改文件号	签字	日期	标记	处数	更改文件号	签字	日期	设计（日期）	校对（日期）	审核（日期）	标准化（日期）	会签（日期）

（单位）	机械加工工序卡	零件图号			共 8 页
		零件名称	轴套		第 8 页
		车间	工序号	工序名称	材料牌号
			7	车螺纹	45 号钢
		毛坯种类	毛坯外形尺寸/mm	每件毛坯可制件数	每台件数
		锻件		1	1
		设备名称	设备型号	设备编号	同时加工件数
		卧式车床	C630		1
		夹具编号	夹具名称	切削液	
		工位器具编号	工位器具名称	工序工时/min	
				准终	单件
					60.95

工步号	工步内容	工艺装备	主轴转速 /(r·min^{-1})	切削速度 /(m·min^{-1})	进给量 /(mm·r^{-1})	切削深度 /mm	走刀次数	工时定额/h 基本	工时定额/h 辅助
1	车螺纹	螺纹刀、游标卡尺	150	53.72	0.7	2	1	50	7.5

标记	处数	更改文件号	签字	日期	标记	处数	更改文件号	签字	日期	设计（日期）	校对（日期）	审核（日期）	标准化（日期）	会签（日期）

2.3 盘类零件加工

2.3.1 盘类零件的功能作用及基本特点

盘类零件是机械加工中常见的典型零件之一，应用范围很广，如支撑传动轴的各种形式的轴承、夹具上的导向套、汽缸套等，盘类零件通常起支撑和导向作用。不同的盘类零件也有很多的相同点，如主要表面基本上都是圆柱形的，且都有较高的尺寸精度、形状精度、表面粗糙度和同轴度要求。

1. 毛坯选择

盘类零件常采用钢、铸铁、青铜或黄铜制成。孔径小的盘类零件一般选择热轧或冷拔棒料，根据不同材料，也可选择实心铸件，孔径较大时可做预孔。若生产批量较大时，可选择冷挤压等先进毛坯制造工艺，既提高生产率，又节约材料。

2. 基准选择

根据零件的不同作用，零件的主要基准选择会有所不同。一是以端面为主（如支撑块），即以主要定位基准为平面；二是以内孔为主，由于盘的轴向尺寸小，往往在以孔为定位基准（径向）的同时，辅以端面的配合；三是以外圆为主（较少），与以内孔定位一样，往往也需要有端面的辅助配合。

3. 用虎钳安装

小批量生产或单件生产时，根据加工部位及其加工要求的不同，可采用虎钳装夹（如加工支撑块上侧面、十字槽）。

4. 表面加工

零件上回转面的粗加工和半精加工仍以车为主，精加工则根据零件材料、加工要求、生产批量大小等因素选择磨削、精车、拉削等。零件上非回转面加工，则根据表面形状选择恰当的加工方法，一般安排在零件的半精加工阶段。

5. 工艺路线

与轴类零件相比，盘类零件加工工艺的不同主要体现在工件安装方式上，当然因零件组成表面的变化，使用的加工方法也会有所不同，所以要灵活运用，不能死搬硬套。

加工工艺路线：下料（或备坯）→去应力处理→粗车→半精车→平磨端面（也可按零件情况不做安排）→非回转面加工→去毛刺→中检→最终热处理→精加工主要表面（磨或精车）→终检。

2.3.2 盘类零件的技术要求

盘类零件主要由外圆、孔和端面组成。除尺寸精度和表面粗糙度外，往往外圆相对孔的轴线有径向圆跳动或同轴度公差，端面相对孔的轴线有端面圆跳动公差。盘类零件的表面粗糙度 *Ra* 值一般大于 1.6～3.2 μm，尺寸公差等级不高于 IT7，可通过车削完成，其中保证径向圆跳动和端面圆跳动是车削的关键。因此，单件小批量生产的盘类零件加工工艺必须体现粗精分开的原则和“一刀活”原则。如在一次装夹中不可能全部完成所有位置精度要求的表面处理，一般是先精加工孔，以孔定位上心轴，再精车外圆或端面，有时也可在平面磨床上以一个端面定位，再磨削另一个端面。

最主要的技术要求就是盘类零件的端面不能凸只能凹。

精度高的盘类零件平面孔系位置精度要高，两端面平行度要好。

密封用盘类零件的密封面表面粗糙度值要小，不能有划伤，平面度要好。

2.3.3 典型盘类零件加工工艺规程卡

机械加工工艺过程卡

<table>
<tr><td colspan="4">（单位）</td><td>零件号</td><td>080321140</td><td>材料</td><td>HT200</td><td>编制</td><td></td><td colspan="2">共 8 页</td></tr>
<tr><td colspan="4" rowspan="2">机械加工工艺卡</td><td>零件名称</td><td>法兰盘</td><td>毛坯重量</td><td>1.4 kg</td><td>指导</td><td></td><td colspan="2">第 1 页</td></tr>
<tr><td>生产类型</td><td>批量生产</td><td>毛坯种类</td><td>铸件</td><td>审核</td><td></td><td colspan="2"></td></tr>
<tr><td>工序</td><td>安装工位</td><td>工步号</td><td>工步说明</td><td colspan="4">工步简图</td><td>机床</td><td>夹具或辅助工具</td><td>刀具</td><td>量具</td></tr>
<tr><td>1</td><td>1</td><td>1
2
3
4
5
6
7
8
9</td><td>粗车∅100 mm 的端面
半精车∅100 mm 的端面
精车∅100 mm 的端面
粗车∅100 mm 的外圆柱面
粗车 B 面
钻∅20 mm 的孔
扩∅20 mm 的孔
精铰∅20 mm 的孔
车∅20 mm 内孔的倒角</td><td colspan="4"> 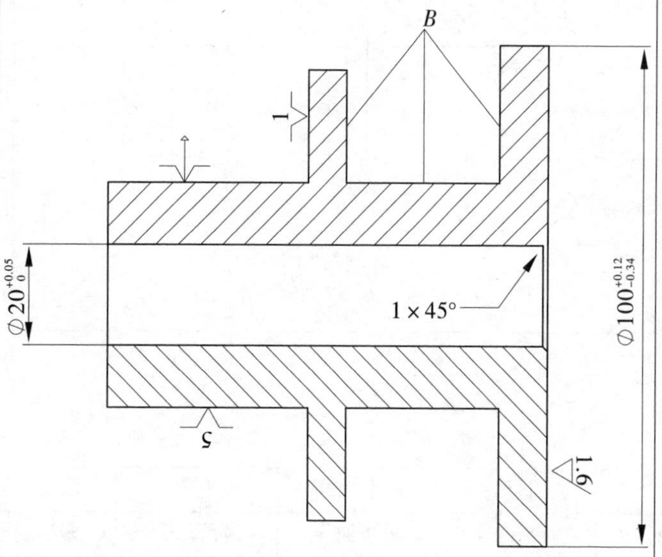B
$\varnothing 20^{+0.05}_{0}$
1×45°
$\varnothing 100^{+0.12}_{-0.34}$
1.6
1
5</td><td>CA6140</td><td>车床夹具</td><td>车刀
∅18 mm 的钻头
∅19.8 mm 的扩孔钻
∅19.8 mm 的铰刀
车刀</td><td>游标卡尺、内径千分尺</td></tr>
</table>

(单位)	零件号	080321140	材料	HT200	编制		共 8 页
机械加工工艺卡	零件名称	法兰盘	毛坯重量	1.4 kg	指导		第 2 页
	生产类型	批量生产	毛坯种类	铸件	审核		

工序	安装工位	工步号	工步说明	工步简图	机床	夹具或辅助工具	刀具	量具
2	1	1 2 3 4 5 6 7 8 9 10 11 12 13	粗车∅45 mm 的端面 半精车∅45 mm 的端面 精车∅45 mm 的端面 粗车∅45 mm 的外圆柱面 半精车∅45 mm 的外圆柱面 精车∅45 mm 的外圆柱面 粗车∅90 mm 的端面 半精车∅90 mm 的端面 精车∅90 mm 的端面 粗车∅90 mm 的外圆柱面 车∅20 内孔的倒角 车∅45 外圆柱面的倒角 车 3 mm×2 mm 的退刀槽	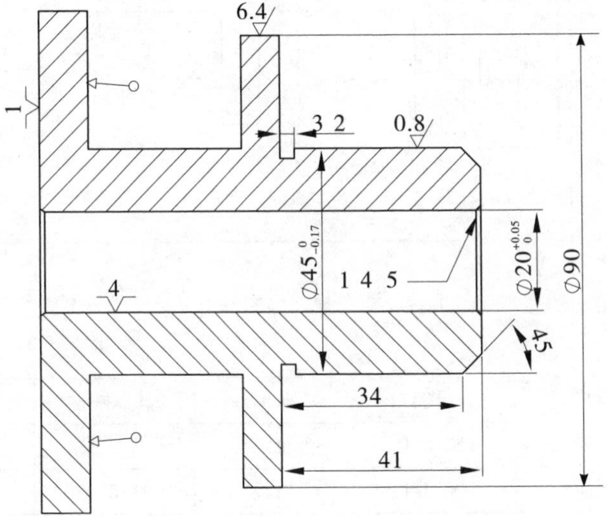 6.4 1 3 2 0.8 $\varnothing 45^{0}_{-0.17}$ 1 4 5 $\varnothing 20^{+0.05}_{0}$ ∅90 4 45 34 41	CA6140	车床夹具	车刀	游标卡尺

（单位）	零件号	080321140	材料	HT200	编制		共 8 页
机械加工工艺卡	零件名称	法兰盘	毛坯重量	1. 4 kg	指导		第 3 页
	生产类型	批量生产	毛坯种类	铸件	审核		

工序	安装工位	工步号	工步说明	工步简图	机床	夹具或辅助工具	刀具	量具
3	1	1 2 3 4 5 6 7	半精车∅100 mm 的外圆柱面 精车∅100 mm 的外圆柱面 半精车 *B* 面 精车 *B* 面 车 *B* 面的过渡圆弧 车∅100 mm 外圆柱面上的倒角 车∅90 mm 外圆柱面上的倒角	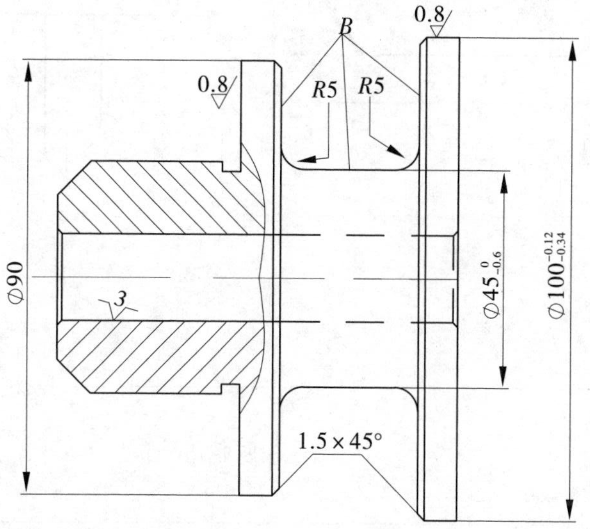 *B* 0.8 0.8 *R*5 *R*5 3 $\varnothing 90$ $\varnothing 45^{\ 0}_{-0.6}$ $\varnothing 100^{-0.12}_{-0.34}$ 1.5×45°	CA6140	专用夹具	车刀	游标卡尺

（单位）	零件号	080321140	材料	HT200	编制		共 8 页
机械加工工艺卡	零件名称	法兰盘	毛坯重量	1.4 kg	指导		第 4 页
	生产类型	批量生产	毛坯种类	铸件	审核		

工序	安装工位	工步号	工步说明	工步简图	机床	夹具或辅助工具	刀具	量具
4	1	1 2 3 4	粗铣距中心线 34 mm 的平面 精铣距中心线 34 mm 的平面 粗铣距中心线 24 mm 的平面 精铣距中心线 24 mm 的平面		铣床	专用夹具	铣刀	游标卡尺

（单位）	零件号	080321140	材料	HT200	编制		共 8 页
机械加工工艺卡	零件名称	法兰盘	毛坯重量	1.4 kg	指导		第 5 页
	生产类型	批量生产	毛坯种类	铸件	审核		

工序	安装工位	工步号	工步说明	工步简图	机床	夹具或辅助工具	刀具	量具
5	1	1 2 3	钻∅4 mm 的孔 钻∅6 mm 的孔 铰∅6 mm 的孔	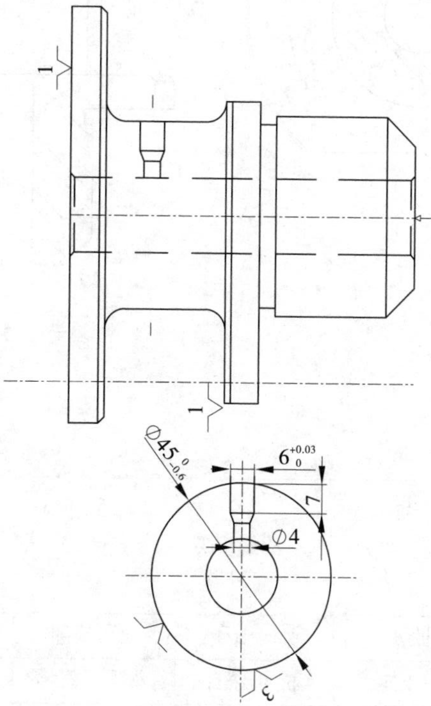	钻床 Z525	专用夹具	∅4 mm 的钻头 ∅6 mm 的钻头 ∅6 mm 的铰刀	内径千分尺

（单位）	零件号	080321140	材料	HT200	编制		共 8 页
机械加工工艺卡	零件名称	法兰盘	毛坯重量	1.4 kg	指导		第 6 页
	生产类型	批量生产	毛坯种类	铸件	审核		

工序	安装工位	工步号	工步说明	工步简图	机床	夹具或辅助工具	刀具	量具
6	1	1	钻（4×∅6）mm 的透孔	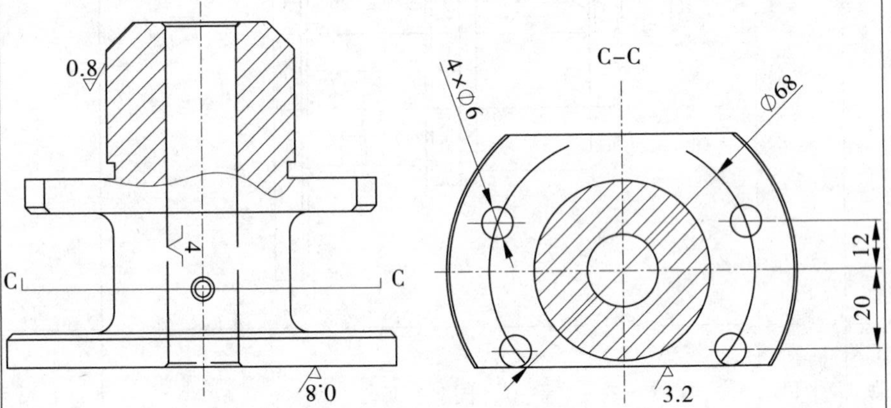	钻床 Z525	专用夹具	∅9 mm 的钻头	内径千分尺

（单位）				零件号	080321140	材料	HT200	编制			共 8 页	
机械加工工艺卡				零件名称	法兰盘	毛坯重量	1.4 kg	指导			第 7 页	
				生产类型	批量生产	毛坯种类	铸件	审核				
工序	安装工位	工步号	工步说明	工步简图				机床	夹具或辅助工具		刀具	量具
7	1	1 2 3	抛光∅100 mm 的外圆柱面 抛光∅45 mm 的外圆柱面 抛光 *B* 面	0.8 0.4 0.4 0.8 0.4 4 $\varnothing 45_{-0.6}^{0}$ $\varnothing 100_{-0.34}^{-0.12}$ *B*				—	专用夹具		—	—

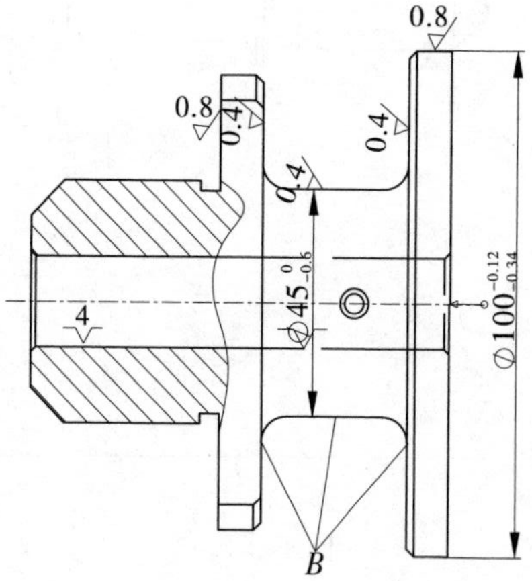

（单位）	零件号	080321140	材料	HT200	编制		共 8 页
机械加工工艺卡	零件名称	法兰盘	毛坯重量	1.4 kg	指导		第 8 页
	生产类型	批量生产	毛坯种类	铸件	审核		

工序	安装工位	工步号	工步说明	工步简图	机床	夹具或辅助工具	刀具	量具
8	1	1	抛光距中心线 24 mm 的平面		—	专用夹具	砂轮	眼睛识别

2.4 箱体类零件加工

2.4.1 箱体类零件的功能作用及基本特点

1. 功能作用

箱体类零件通常作为箱体部件装配时的基准零件。它将一些轴、套、轴承和齿轮等零件装配起来，使其保持正确的相互位置关系，以传递转矩或改变转速来完成规定的运动。常见的箱体类零件有：机床主轴箱、机床进给箱、变速箱体、减速箱体、发动机缸体和机座等。因此，箱体类零件的加工质量对机器的工作精度、使用性能和寿命都有直接的影响。根据箱体类零件的结构形式不同，可分为整体式箱体和分离式箱体两大类。

2. 基本特点

箱体类零件结构特点：多为铸造件，结构复杂，壁薄且不均匀，加工部位多，加工难度大。

3. 毛坯选择

箱体类零件常选用灰铸铁作为主要材料。汽车、摩托车常选用铝合金作为曲轴箱的主体材料，其毛坯一般采用铸件，因曲轴箱是大批量生产，且毛坯的形状复杂，故采用压铸毛坯，即镶套与箱体在压铸时铸成一体。压铸的毛坯精度高，加工余量小，有利于机械加工。为减少毛坯铸造时产生的残余应力，箱体铸造后应安排人工时效。

4. 工艺分析

根据减速箱体可剖分的结构特点和各加工表面的要求，在编制加工工艺过程时应注意以下问题。

（1）加工过程的划分。整个加工过程可分为两大阶段，第一阶段先对箱盖和底座分别进行加工，第二阶段再对装合好的整个箱体进行加工，即合件加工。为保证效率和兼顾精度，孔和面的加工要粗精分开。

（2）箱体加工工艺的安排。安排箱体的加工工艺，应遵循先面后孔的工艺原则，对剖分式减速箱体还应遵循先组装后镗孔的原则。因为如果不先将箱体的对合面加工好，就不能进行轴承孔的加工。另外，镗轴承孔时，必须以底座的底面为定位基准，所以底座的底面也必须先加工好。由于轴承孔及各主要平面都要求与对合面保持较高的位置精度，所以在平面加工时，应先加工对合面，然后再加工其他平面，也体现了先主后次的原则。

（3）箱体加工中的运输和装夹。箱体的体积、重量均较大，故应尽量减少工件的运输和装夹次数。为了保证各加工表面的位置精度，应在一次装夹中尽量多加工一些表面，工序安排相对集中。箱体类零件上相互位置要求较高的孔系和平面，一般应尽量集中在同一工序中加工，以减少装夹次数，进而减少安装误差的影响。

（4）合理安排时效工序。一般在毛坯铸造之后安排一次人工时效处理即可；对一些高精度或形状特别复杂的箱体，应在粗加工之后再安排一次人工时效处理，以消除粗加工产生的内应力，保证箱体加工精度的稳定性。

箱壁上通常都布置有平行孔系或垂直孔系，箱体上的加工面主要是大量的平面，此外还有许多精度要求较高的轴承支撑孔和精度要求较低的紧固用孔。

2.4.2　箱体类零件的技术要求

箱体类零件中，机床主轴箱的精度要求最高。箱体零件的技术要求主要可归纳如下。

箱体的主要平面是装配基准，并且往往是加工时的定位基准，所以应有较高的平面度和较小的表面粗糙度，否则将直接影响箱体加工时的定位精度，影响箱体与机座总装时的接触刚度和相互位置精度。

一般箱体主要平面的平面度为 0.1 ~ 0.03 mm，表面粗糙度为 *Ra* 0.63 ~ 2.5 μm，各主要平面对装配基准面垂直度为 0.1/300。

2.4.3 典型箱体类零件加工工艺规程卡

<table>
<tr><td rowspan="2" colspan="2">（单位）</td><td rowspan="2" colspan="3">机械加工工艺过程卡</td><td>产品型号</td><td>变速箱</td><td>零件图号</td><td colspan="2">001</td><td colspan="2">共5页</td></tr>
<tr><td>产品名称</td><td>一级圆柱齿轮减速器</td><td>零件名称</td><td colspan="2">减速器下箱体</td><td colspan="2">第1页</td></tr>
<tr><td colspan="2">材料牌号</td><td>灰铸铁</td><td>毛坯种类</td><td>铸造毛坯</td><td>毛坯外形尺寸/mm</td><td>204×100×81</td><td>每毛坯件数</td><td>1</td><td>每台件数</td><td>1</td><td>备注</td></tr>
</table>

<table>
<tr><td rowspan="2">工序号</td><td rowspan="2">工序名称</td><td rowspan="2">工序内容</td><td rowspan="2">车间</td><td rowspan="2">工段</td><td rowspan="2">设备</td><td rowspan="2">工艺装备</td><td colspan="2">工时/h</td></tr>
<tr><td>准终</td><td>单件</td></tr>
<tr><td>1</td><td>铸造</td><td>铸造成型，清砂，进行时效热处理</td><td>铸造车间</td><td></td><td>砂型</td><td></td><td></td><td></td></tr>
<tr><td>2</td><td>铣</td><td>铣下箱体结合面及各端面</td><td>铣床车间</td><td></td><td>铣床</td><td></td><td></td><td></td></tr>
<tr><td>3</td><td>画线</td><td>画箱体定位销及螺栓孔中心定位线</td><td>钻床车间</td><td></td><td>钻床</td><td></td><td></td><td></td></tr>
<tr><td>4</td><td>合箱画线</td><td>以销钉定位，螺栓拧紧，上箱体和下箱体合箱，大力钳夹紧。画轴承孔中心、端面加工线</td><td>画线平台</td><td></td><td></td><td></td><td></td><td></td></tr>
<tr><td>5</td><td>钻</td><td>钻定位销及螺栓孔定位线</td><td>钻床车间</td><td></td><td>钻床</td><td></td><td></td><td></td></tr>
<tr><td>6</td><td>铣</td><td>铣箱体端面至加工要求</td><td>铣床车间</td><td></td><td>铣床</td><td></td><td></td><td></td></tr>
<tr><td>7</td><td>画线</td><td>画轴承孔定位线</td><td>画线平台</td><td></td><td>游标卡尺</td><td></td><td></td><td></td></tr>
<tr><td>8</td><td>镗</td><td>镗轴承孔</td><td>数控镗床车间</td><td></td><td>数控镗床</td><td></td><td></td><td></td></tr>
<tr><td>9</td><td>检验入库</td><td>检验入库</td><td></td><td></td><td></td><td></td><td></td><td></td></tr>
</table>

标记	处数	更改文件号	签字	日期	标记	处数	更改文件号	签字	日期	设计（日期）	校对（日期）	审核（日期）	标准化（日期）	会签（日期）

（单位）	机械加工工序卡	产品型号	变速箱	零件图号	001	共 5 页
		产品名称	一级圆柱齿轮减速器	零件名称	减速器下箱体	第 2 页

车间	工序号	工序名称	材料牌号
铣床车间	2	铣	灰铸铁
毛坯种类	毛坯外形尺寸/mm	每毛坯可制件数	每台件数
铸造毛坯	204×100×81	1	1
设备名称	设备型号	设备编号	同时加工件数
铣床			1

夹具编号	夹具名称	切削液	
工位器具编号	工位器具名称	工序工时/min	
		准终	单件

工步号	工步内容	工艺装备	主轴转速/(r·min^{-1})	切削速度/(m·min^{-1})	进给量/(mm·r^{-1})	切削深度/mm	进给次数	工步工时/h 机动	工步工时/h 辅助
1	以下箱体两端面为基准，粗铣箱体结合面，留余量 1 mm	铣床					1		
2	以下箱体结合面为基准，粗铣箱体右侧面；翻转下箱体，以结合面为基准粗铣箱体另一侧面，总长 206 mm	铣床					1		
3	以下箱体两端面为基准，精铣箱体结合面，铣去 1 mm，粗糙度 6.3 μm	铣床				1	1		
4	以下箱体结合面为基准，精铣箱体右侧面 1 mm，粗糙度 6.3 μm；翻转下箱体，以结合面为基准，精铣箱体另一侧面 1 mm，粗糙度 6.3 μm，总长 204 mm	铣床				1	1		

标记	处数	更改文件号	签字	日期	标记	处数	更改文件号	签字	日期	设计（日期）	校对（日期）	审核（日期）	标准化（日期）	会签（日期）

(单位)	机械加工工序卡	产品型号	变速箱	零件图号	001	共5页
		产品名称	一级圆柱齿轮减速器	零件名称	减速器下箱体	第3页

车间	工序号	工序名称	材料牌号
钻床车间	5	钻	灰铸铁
毛坯种类	毛坯外形尺寸/mm	每毛坯可制件数	每台件数
铸造毛坯	204×100×81	1	1
设备名称	设备型号	设备编号	同时加工件数
钻床			1

夹具编号	夹具名称	切削液	
工位器具编号	工位器具名称	工序工时/min	
		准终	单件

工步号	工步内容	工艺装备	主轴转速/(r·min⁻¹)	切削速度/(m·min⁻¹)	进给量/(mm·r⁻¹)	切削深度/mm	进给次数	工步工时/h	
								机动	辅助
1	以分型面为基准，定位，钻左销钉孔∅6 mm，翻转箱体，钻右销钉孔∅6 mm	钻床				12	11		
2	钻销钉孔、铰孔，粗糙度3.2 μm	钻床					1		
3	钻螺栓孔∅8 mm×6 mm	钻床				12	1		
4	扩螺栓孔∅8 mm	钻床							

标记	处数	更改文件号	签字	日期	标记	处数	更改文件号	签字	日期	设计（日期）	校对（日期）	审核（日期）	标准化（日期）	会签（日期）

（单位）	机械加工工序卡	产品型号	变速箱	零件图号	001	共 5 页
		产品名称	一级圆柱齿轮减速器	零件名称	减速器下箱体	第 4 页

车间	工序号	工序名称	材料牌号
铣床车间	6	铣	灰铸铁
毛坯种类	毛坯外形尺寸/mm	每毛坯可制件数	每台件数
铸造毛坯	204 × 100 × 81	1	1
设备名称	设备型号	设备编号	同时加工件数
铣床			1

夹具编号	夹具名称	切削液	
工位器具编号	工位器具名称	工序工时/min	
		准终	单件

工步号	工步内容	工艺装备	主轴转速/(r·min^{-1})	切削速度/(m·min^{-1})	进给量/(mm·r^{-1})	切削深度/mm	进给次数	工步工时/h 机动	工步工时/h 辅助
1	以下箱体分型面为基准定位，粗铣轴承端面的一端面，加工余量 1 mm	铣床				12	11		
2	翻转箱体，粗铣轴承端面的另一端面，余量 1 mm	铣床					1		
3	精铣轴承端面，保证加工精度，粗糙度 6.3 μm	铣床				12	1		
4	翻转箱体，精铣轴承端面的另一端面，保证加工精度，粗糙度 6.3 μm	铣床							

标记	处数	更改文件号	签字	日期	标记	处数	更改文件号	签字	日期	设计（日期）	校对（日期）	审核（日期）	标准化（日期）	会签（日期）

(单位)	机械加工工序卡	产品型号	变速箱	零件图号	001	共5页
		产品名称	一级圆柱齿轮减速器	零件名称	减速器下箱体	第5页

车间	工序号	工序名称	材料牌号
数控镗床车间	8	镗	灰铸铁
毛坯种类	毛坯外形尺寸/mm	每毛坯可制件数	每台件数
铸造毛坯	204×100×81	1	1
设备名称	设备型号	设备编号	同时加工件数
数控镗床			1

夹具编号	夹具名称	切削液	
工位器具编号	工位器具名称	工序工时/min	
		准终	单件

工步号	工步内容	工艺装备	主轴转速 /(r·min^{-1})	切削速度 /(m·min^{-1})	进给量 /(mm·r^{-1})	切削深度 /mm	进给次数	工步工时/h 机动	工步工时/h 辅助
1	以轴承分型面为基准，两侧面定位，粗镗高速轴轴承孔至∅38 mm，留2 mm加工余量	数控镗床				48			
2	半精镗高速轴轴承孔至∅36 mm	数控镗床				2	1		
3	精镗高速轴轴承孔至∅35 mm，保证加工精度，粗糙度3.2 μm	数控镗床				1	1		
4	粗镗低速轴轴承孔至∅50 mm，留2 mm加工余量	数控镗床				48	1		
5	半精镗低速轴轴承孔至∅48 mm	数控镗床				2	1		
6	精镗低速轴轴承孔至∅47 mm，保证精度，粗糙度3.2 μm	数控镗床				1	1		

标记	处数	更改文件号	签字	日期	标记	处数	更改文件号	签字	日期	设计（日期）	校对（日期）	审核（日期）	标准化（日期）	会签（日期）

2.5　叉架类零件加工

2.5.1　叉架类零件的功能作用及基本特点

1．功能作用

叉架类零件主要使用在变速机构、操纵机构和支承机构中，用于拨动、连接和支撑传动零件。叉架类零件包括拨叉、连杆和各种支架等，起支撑、传动和连接等作用。其内外形状较复杂，多经铸锻加工而成。

2．特点

（1）叉架类零件一般有三个功能：一是部分用于固定自身结构（支撑部分），二是能部分支持其他零件工作的结构（工作部分），三是中间以肋板等结构连接（形状不规则较复杂）。

（2）叉架类零件有孔、螺孔、凹坑、凸台、油槽等。

2.5.2　叉架类零件的技术要求

叉架类零件因用途不同，其相应的技术要求也有所不同，主要技术要求有：

（1）基准孔的尺寸精度为IT7～IT9，形状精度一般控制在孔径公差之内，表面粗糙度 *Ra* 3.2～0.8 μm。

（2）工作表面对基准孔的相对位置精度（如垂直度等）为0.000 5～0.001 5 mm，工作表面的尺寸精度为IT8～IT10，表面粗糙度 *Ra* 6.3～1.6 μm。

2.5.3 典型叉架类零件加工工艺规程卡

（单位）	机械加工工艺过程卡	产品型号		零件图号		共 10 页
		产品名称	油阀座	零件名称	油阀座	第 1 页
材料牌号 ZG45	毛坯种类 铸铁	毛坯外形尺寸		每毛坯件数 1	每台件数	备注

工序号	工序名称	工序内容	车间	工段	设备	工艺装备	工时/h 准终	工时/h 单件
1	车	粗车右端面，半精车右端面。粗车及半精车外圆∅（63 ± 0.5）mm			车床 CA6140	三爪自定心卡盘		
2	车	粗车、半精车左端面，倒角			车床 CA6140	三爪自定心卡盘		
3	钻	钻∅（22 ± 0.5）mm 孔，倒角，攻螺纹			车床 CA6140	三爪自定心卡盘		
4	镗	扩∅（24.5 ± 0.5）mm 孔，粗镗退刀槽，精镗∅（24.5 ± 0.5）mm 孔			车床 X61L	三爪自定心卡盘		
5	钻	钻∅3 mm，∅5 mm，∅2 mm 孔			Z5125	夹具 1 钻模		
6	铣	粗铣、半精铣上端面			YB－211	夹具 2 钻模		
7	钻	钻∅（10.5 ± 0.5）mm 孔，扩∅（16 ± 0.5）mm 孔			Z5125	夹具 2 钻模		
8	铣	精铣∅16 mm 下端面，精铣上端面平台			X6135	夹具 2 钻模		
9	镗	半精镗∅16 mm 孔，钻∅2 mm 孔			C5116	夹具 3 钻模		
10	去毛刺	去除全部毛刺				钳工台		
11	终检	按零件图样要求全面检查						

标记	处数	更改文件号	签字	日期	标记	处数	更改文件号	签字	日期	设计（日期）	校对（日期）	审核（日期）	标准化（日期）	会签（日期）

（单位）	机械加工工序卡	产品型号		零件图号		共 10 页
		产品名称	油阀座	零件名称	油阀座	第 2 页

9 ± 0.5

∅63 ± 0.5

55 ± 0.5

车间	工序号	工序名称	材料牌号
	1	粗车、半精车	ZG45
毛坯种类	毛坯外形尺寸/mm	每件毛坯可制件数	每台件数
铸铁			
设备名称	设备型号	设备编号	同时加工件数
车床	CA6140		

夹具编号	夹具名称	切削液	
01	粗铣 *N* 面夹具		
工位器具编号	工位器具名称	工序工时/min	
		准终	单件

工步号	工步内容	工艺装备	主轴转速/(r·min^{-1})	切削速度/(m·min^{-1})	进给量/(mm·r^{-1})	切削深度/mm	进给次数	工步工时/h	
								机动	辅助
1	装夹								
2	粗车右端面	CA6140	110	45.6	0.65	1.5	1	0.13	
3	半精车右端面	CA6140	110	45.6	1.3	1.5	1	0.13	
4	粗车外圆∅（63 ±0.5）mm	CA6140	110	45.6	0.65	1.5	1	0.13	
5	半精车外圆∅（63 ±0.5）mm	CA6140	110	45.6	1.3	1.5	1	0.13	

标记	处数	更改文件号	签字	日期	标记	处数	更改文件号	签字	日期	设计（日期）	校对（日期）	审核（日期）	标准化（日期）	会签（日期）

（单位）	机械加工工序卡	产品型号		零件图号		共 10 页
		产品名称	油阀座	零件名称	油阀座	第 3 页

车间	工序号	工序名称	材料牌号
	2	精车、半精车	ZG45
毛坯种类	毛坯外形尺寸/mm	每件毛坯可制件数	每台件数
铸铁			
设备名称	设备型号	设备编号	同时加工件数
车床	CA6140		

夹具编号	夹具名称	切削液	
05	粗铣 *N* 面夹具		
工位器具编号	工位器具名称	工序工时/min	
		准终	单件

工步号	工步内容	工艺装备	主轴转速/$(r\cdot min^{-1})$	切削速度/$(m\cdot min^{-1})$	进给量/$(mm\cdot r^{-1})$	切削深度/mm	进给次数	工步工时/h 机动	工步工时/h 辅助
1	装夹								
2	粗车左端面	CA6140	110	45.6	0.65	1.5	1		
3	半精车左端面	CA6140	110	45.6	1.3	1.5	1		
4	倒角	CA6140	110	45.6	1.3	1.5	1		

标记	处数	更改文件号	签字	日期	标记	处数	更改文件号	签字	日期	设计（日期）	校对（日期）	审核（日期）	标准化（日期）	会签（日期）

（单位）	机械加工工序卡	产品型号		零件图号		共 10 页
		产品名称	油阀座	零件名称	油阀座	第 4 页

9 ± 0.5

Rc3/4

∅22 ± 0.5

∅63 ± 0.5

车间	工序号	工序名称	材料牌号
	3	钻	ZG45
毛坯种类	毛坯外形尺寸/mm	每件毛坯可制件数	每台件数
铸铁			
设备名称	设备型号	设备编号	同时加工件数
车床	CA6140		

夹具编号	夹具名称	切削液	
05	粗铣 N 面夹具		
工位器具编号	工位器具名称	工序工时/min	
		准终	单件

工步号	工步内容	工艺装备	主轴转速 /(r·min^{-1})	切削速度 /(m·min^{-1})	进给量 /(mm·r^{-1})	切削深度 /mm	进给次数	工步工时/h	
								机动	辅助
1	装夹								
2	钻∅（22 ±0.5）mm 孔，倒角	CA6140	100		0.5	1.5	1		
3	攻螺纹	CA6140	100		0.5	1.5	1		

标记	处数	更改文件号	签字	日期	标记	处数	更改文件号	签字	日期	设计（日期）	校对（日期）	审核（日期）	标准化（日期）	会签（日期）

（单位）	机械加工工序卡	产品型号		零件图号		共 10 页
		产品名称	油阀座	零件名称	油阀座	第 5 页

车间	工序号	工序名称	材料牌号
	4	镗孔	ZG45
种类	毛坯外形尺寸/mm	每件毛坯可制件数	每台件数
铸铁			
设备名称	设备型号	设备编号	同时加工件数
车床	X61L		

夹具编号	夹具名称	切削液	
05	粗铣 N 面夹具		
工位器具编号	工位器具名称	工序工时/min	
		准终	单件

工步号	工步内容	工艺装备	主轴转速/(r·min^{-1})	切削速度/(m·min^{-1})	进给量/(mm·r^{-1})	切削深度/mm	进给次数	工步工时/h	
								机动	辅助
1	装夹								
2	粗镗∅（26±0.5）mm 孔（退刀槽）	CA6140	110	44	0.2	0.2	1		
3	精镗∅（24±0.5）mm 孔	CA6140	110	44	0.2	0.2	1		

标记	处数	更改文件号	签字	日期	标记	处数	更改文件号	签字	日期	设计（日期）	校对（日期）	审核（日期）	标准化（日期）	会签（日期）

（单位）	机械加工工序卡	产品型号		零件图号		共 10 页
		产品名称	油阀座	零件名称	油阀座	第 6 页

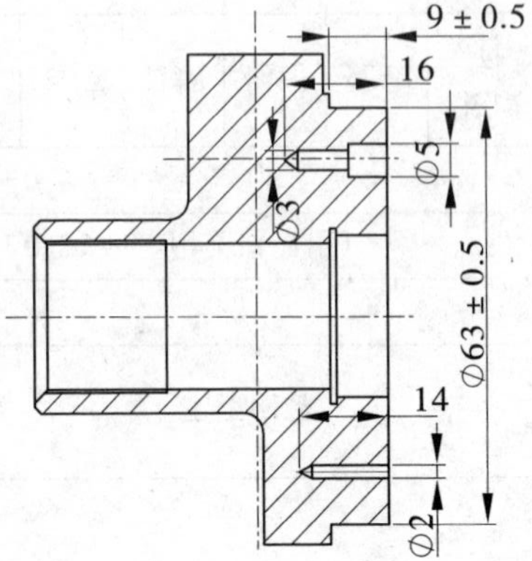

车间	工序号	工序名称	材料牌号
	5	钻	ZG45
毛坯种类	毛坯外形尺寸/mm	每件毛坯可制件数	每台件数
铸件			
设备名称	设备型号	设备编号	同时加工件数
	Z5125		

夹具编号	夹具名称	切削液	
04	粗铣 N 面夹具		
工位器具编号	工位器具名称	工序工时/min	
		准终	单件

工步号	工步内容	工艺装备	主轴转速/($r\cdot min^{-1}$)	切削速度/($m\cdot min^{-1}$)	进给量/($mm\cdot r^{-1}$)	切削深度/mm	进给次数	工步工时/h 机动	工步工时/h 辅助
1	装夹								
2	钻∅3 mm 孔	Z5125	100		0.5	1.5	1		
3	扩∅5 mm 孔	Z5125	100		0.5	1.5	1		
4	钻∅2 mm 孔	Z5125	100		0.5	1.5	1		

标记	处数	更改文件号	签字	日期	标记	处数	更改文件号	签字	日期	设计（日期）	校对（日期）	审核（日期）	标准化（日期）	会签（日期）

（单位）	机械加工工序卡	产品型号		零件图号		共 10 页
		产品名称	油阀座	零件名称	油阀座	第 7 页

车间	工序号	工序名称	材料牌号
	6	铣	ZG45
毛坯种类	毛坯外形尺寸/mm	每件毛坯可制件数	每台件数
铸件			
设备名称	设备型号	设备编号	同时加工件数
	YB－211		

夹具编号	夹具名称	切削液	
06	粗铣 N 面夹具		
工位器具编号	工位器具名称	工序工时/min	
		准终	单件

工步号	工步内容	工艺装备	主轴转速 /(r·min^{-1})	切削速度 /(m·min^{-1})	进给量 /(mm·r^{-1})	切削深度 /mm	进给次数	工步工时/h 机动	工步工时/h 辅助
1	装夹								
2	粗铣上端面∅（39.6±0.5）mm	YB－211	287	72	0.12	1	1		
3	半精铣上端面∅（39.6±0.5）mm	YB－211	287	72	0.12	1	1		

标记	处数	更改文件号	签字	日期	标记	处数	更改文件号	签字	日期	设计（日期）	校对（日期）	审核（日期）	标准化（日期）	会签（日期）

（单位）	机械加工工序卡	产品型号		零件图号		共 10 页
		产品名称	油阀座	零件名称	油阀座	第 8 页

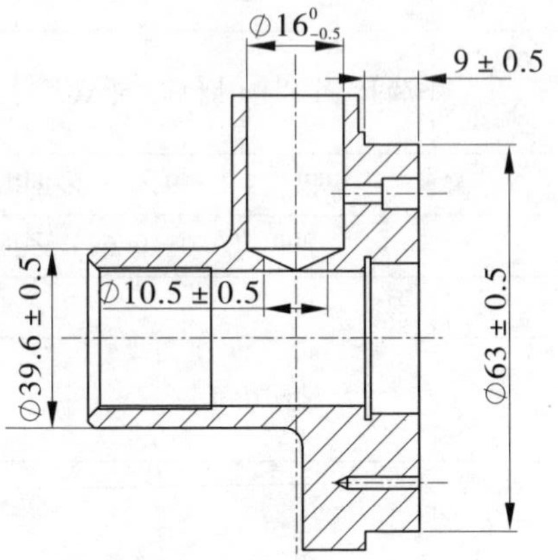

车间	工序号	工序名称	材料牌号
	7	钻	ZG45
毛坯种类	毛坯外形尺寸/mm	每件毛坯可制件数	每台件数
铸件			
设备名称	设备型号	设备编号	同时加工件数
	Z5125		

夹具编号	夹具名称	切削液	
04	粗铣 N 面夹具		
工位器具编号	工位器具名称	工序工时/min	
		准终	单件

工步号	工步内容	工艺装备	主轴转速 /(r·min⁻¹)	切削速度 /(m·min⁻¹)	进给量 /(mm·r⁻¹)	切削深度 /mm	进给次数	工步工时/h	
								机动	辅助
1	装夹								
2	钻∅（10.5±0.5）mm 孔	Z5125	100		0.5	1.5	1		
3	扩∅（16±0.5）mm 孔	Z5125	100		0.5	1.5	1		

标记	处数	更改文件号	签字	日期	标记	处数	更改文件号	签字	日期	设计（日期）	校对（日期）	审核（日期）	标准化（日期）	会签（日期）

（单位）	机械加工工序卡	产品型号		零件图号		共 10 页
		产品名称	油阀座	零件名称	油阀座	第 9 页

车间	工序号	工序名称	材料牌号
	8	铣	ZG45
毛坯种类	毛坯外形尺寸/mm	每件毛坯可制件数	每台件数
铸件			
设备名称	设备型号	设备编号	同时加工件数
	X6135		

夹具编号	夹具名称	切削液	
06	粗铣 *N* 面夹具		
工位器具编号	工位器具名称	工序工时/min	
		准终	单件

工步号	工步内容	工艺装备	主轴转速/$(r \cdot min^{-1})$	切削速度/$(m \cdot min^{-1})$	进给量/$(mm \cdot r^{-1})$	切削深度/mm	进给次数	工步工时/h	
								机动	辅助
1	装夹								
2	精铣∅16 mm 下端面	X6135	287	72	0.12	1	1		
3	精铣上端面平台	X6135	287	72	0.12	1	1		

标记	处数	更改文件号	签字	日期	标记	处数	更改文件号	签字	日期	设计（日期）	校对（日期）	审核（日期）	标准化（日期）	会签（日期）

（单位）	机械加工工序卡	产品型号		零件图号		共 10 页
		产品名称	油阀座	零件名称	油阀座	第 10 页

车间	工序号	工序名称	材料牌号
	9	镗	ZG45
毛坯种类	毛坯外形尺寸/mm	每件毛坯可制件数	每台件数
铸件			
设备名称	设备型号	设备编号	同时加工件数
	C5116		

夹具编号	夹具名称	切削液	
07	粗铣 *N* 面夹具		
工位器具编号	工位器具名称	工序工时/min	
		准终	单件

工步号	工步内容	工艺装备	主轴转速/(r·min^{-1})	切削速度/(m·min^{-1})	进给量/(mm·r^{-1})	切削深度/mm	进给次数	工步工时/h 机动	工步工时/h 辅助
1	装夹								
2	半精镗∅16 mm 孔	C5116	110	44	0.2	0.2	1		
3	钻∅2 mm 孔	C5116	100		0.5	1.5	1		

标记	处数	更改文件号	签字	日期	标记	处数	更改文件号	签字	日期	设计（日期）	校对（日期）	审核（日期）	标准化（日期）	会签（日期）

3 机械加工安全规程

3.1 机械加工安全的必要性

3.1.1 典型案例

车床和数控车间的标语时常是："安全第一，规范操作。"的确，安全重于泰山。安全问题在于防范，更强调平时的规范操作。

大家看看下列案例：

案例一：某女生因未戴工作帽导致头发被卡盘卡住而扯掉一块头皮，幸亏他人及时关掉电源才避免更大的伤害。

案例二：某男生在装夹坯料时未夹紧，导致坯料从夹具脱出伤到旁人。

案例三：某男生在机器未停下时就测量尺寸，导致手指被夹伤。

这些问题值得我们高度注意。

安全生产是每个企业永恒的主题，如果离开安全，企业就谈不上效益。企业安全工作的重点和落脚点在机台（班组），机台是各项生产工作的直接执行者，也是实现安全生产的主要载体。要搞好机台的安全工作，就必须重视机台员工是否掌握安全生产的基本技能以及能否在工作中熟练运用。机台人员的安全基本技能表现为对本岗位安全技术操作规程及标准的生产作业程序的掌握程度。安全技术操作规程及标准的生产作业程序是企业安全工作的准绳，是每个机台成员都必须掌握的基本知识。然而，在实际工作中，违反安全技术操作规程及操作程序造成的责任事故时有发生。因此，认真学好、用好安全技术操作规程及生产作业程序，是保证安全生产的前提和首要条件。

3.1.2 安全教育的内容

积极开展机台安全讲座、安全讨论等活动，是提高广大员工安全意识的有效途径之一，也是进行安全教育的主要形式。开展安全教育活动与人身安全、设备安全、检修质量有着密切的关系，所以机台的安全教育活动不能流于形式和忙于应付，而应形成制度并严格执行，如1~3个月定期召开一次安全会议，对违规现象进行重点通报，制约员工的不良行为，持续改进，长效管理。在安全活动中，应针对以下三个方面加强学习。

（1）学习安全技术操作规程及作业程序要力戒教条主义，学习时应结合实际进行逐条讲解，学以致用，使每个员工认识到个人在车间、机台和家庭中的地位、作用，以及所肩负的重大责任，督促每位员工认真学习安全生产知识，熟记安全技术操作规程及作业程序，并把安全技术操作规程及作业程序作为自己工作岗位上的行动指南和防范生产事故的法宝，增强员工的安全防范意识。

（2）要联系实际学习规章制度、“事故通报”等各类资料，还要通过事故追忆、事故分析、技术提问等活动，教育每个员工避免侥幸心理，要把过去的事当现在的事，把别人的事当自己的事，把小事当大事来吸取教训。通过对事故的分析，总结出自己的体会，讲出存在的问题，逐步培养员工自己分析事故或制定防范措施的能力，使全体员工都能增强安全意识，实现从“要我安全，我要安全”到“我懂安全，我会安全”的转变，提高安全防护水平，从根本上提高防范事故的能力。

（3）学习安全知识要注意动手能力的训练，各机台主机长首先要做出表率，用正确的操作方法、手法，引导、指导副手及新上岗的员工。车间每年要对重点岗位机台员工进行现场演练，要求每位员工亲自动手操作，并进行考核，找出操作人员不正确的操作手法，指出后要求及时改正。同时要让全体员工学会各类现场急救的方法、现场安全措施的设置以及安全工具（如保险杠、保护装置、灭火器等）的使用方法，不断提高自我保护能力。

3.1.3 安全教育的学习途径

过去车间的安全活动形式比较单一，一般是车间主任或安全员念学习资料，下面的人员以听为主，场面较冷清。其实机台除了定期的安全会议、安全检查外，还要结合机台实际情况，积极开展经常性的系列安全活动，通过员工讲述自己曾经遇到过或亲自经历过的安全事故，还可以通过电视新闻、报纸、网络上的安全事例进行宣传，或张贴宣传画，以及到生产现场进行口头提示，用安全标语、安全提示的形式，建立以揭示违章为重点的安全行为，从而规范操作，加大违章抽查力度，加强安全文化建设，营造车间与机台良好的安全文化氛围，让员工成为有技术、有安全意识、热爱企业和热爱本职工作的“安全文化人”。

3.2 机械加工车间的隐患

在车床上对金属、塑料和其他材料制成的毛坯进行切削加工时，会产生许多危险和有害的物质，恶化劳动卫生条件。各种车床的运动部分、运动着的工件、被加工材料的切屑、刀具的碎片、被加工工件和刀具表面的高温、可能通过人体发生短路的高压电等，均为危险因素。当高速切削脆性材料（铸铁、黄铜、青铜、石墨、酚醛塑料、夹布胶木等）时，切屑可飞射得很远（3～5 m）。具有高温（400～600 ℃）和很大动能的金属切屑，特别是在车削韧性金属（钢）时易形成长屑，不仅对机床操作者，而且对处在机床附近的其他人员都是一种严重的危险。机床操作者的眼睛最易受伤害，在车削加工时，眼睛受伤害比例超过生产伤害总数的50%。切削过程中还有一些有害因素：工作区域空气含尘量和有害气体含量过高，噪声和振动超标，存在着直射眩光和反射眩光。在加工聚合物材料过程中，会产生一些物理—化学的变化，热氧化降解，当用刀具工作时，发热加剧，产生有害气体。有时材料甚至着火燃烧，如加工夹布胶木时就易燃烧。

3.2.1 车间典型安全隐患

1. 机械伤害

（1）由于设备旋转部位（如齿轮、联轴节、工具、工件等）无防护装置或失效、人员操作不当等可能导致切伤、割伤、卷入等伤害。

（2）由于设备维护不良、工件装夹不牢固等操作失误，造成工件、工具或零部件飞出伤人。

（3）由于设备之间的距离或与墙、柱的距离过小，活动机件运动时造成人员挤伤。

（4）由于切削加工时长屑未断屑或短屑防护不当造成割伤或崩伤。

（5）冲剪压作业时由于防护装置失灵、手误入冲剪压区等造成伤手事故。

（6）机械设备上的尖角、锐边等引起的划伤。

（7）检修过程中防护措施不到位、人员配合失误、未佩戴合适的防护用品等，可能会导致碰伤、划伤、砸伤。

2. 触电

由于设备漏电，未采取必要的安全技术措施（如保护接零、漏电保护、安全电压、等电位联结等）或措施失效，操作人员的操作失误或违章等，可能导致人员触电。

3. 起重伤害

由于起重设备质量缺陷、安全装置失灵、操作失误、管理缺陷等因素引发的起重伤害事故。

4. 火灾

机械设备使用的润滑油属于易燃物品，在有外界火源作用下可能引起火灾；由于电气设备故障、电线绝缘老化、电气设备检查维护不到位等，也可能引起电气火灾。

5. 其他伤害

（1）车辆伤害。

（2）噪声。

（3）振动。

（4）高处坠落。

3.2.2 镁加工的燃烧或爆炸

1. 过程简介

在对镁合金进行机械加工的过程中产生的切屑和细粉末都有燃烧或爆炸的危险。初加工阶段产生的切屑尺寸较大，由于镁的导热率很高，可以迅速将产生的摩擦热散发出去，所以难以达到燃点温度，此阶段发生事故较少；但在精加工阶段，由于所产生的细小切屑和细粉末具有很大的比表面积，因而很容易达到引燃温度而造成燃烧或爆炸事故。

对镁合金加工过程中使切屑升温达到闪点或燃烧的影响因素有以下几个：

(1) 加工速度与切削速率之间的关系。

(2) 环境大气的相对湿度。

(3) 合金的成分与状态。

预防镁自燃的方法有以下几个：

(1) 使用微小切削量时，要使用矿物油冷却液来降温。

(2) 如果镁合金零件中有钢铁芯衬，要小心与刀具相碰产生火花。

(3) 保持环境整齐、干净。

(4) 严禁在机加工工作区内吸烟、生火、烧焊。

(5) 工作区域内应存放足量的灭火器材。

3.3 各种机床加工安全注意事项

3.3.1 车削安全

车床是利用车刀对工件进行车削加工的设备。车削加工的不安全因素主要来自两个方面：一是工件及其夹紧装置的旋转；二是车床在切削钢件时产生的切屑富有韧性，边缘比较锋利、温度较高，高速切削会形成较长的带状切屑。使用卡盘或花盘安装工件时，主要危险部分是卡盘爪，它在转动时可能会勾住操作者的衣服，为此可在卡盘周围安置防护罩，将卡盘爪罩起来。

1. 工件的安装

车床上常用三爪、四爪卡盘及顶尖、中心孔、刀架、心轴、花盘和弯板等附件来安装工件。在安全方面应注意：

(1) 装卸卡盘要在停机后进行，不可借用电动机的力量来取卡盘。由于三爪、四爪卡盘较重，在安装或卸下时应预先在车床导轨上垫好木板，以防失手砸伤导轨。

(2) 用顶尖装夹工件时，要注意顶尖与中心孔应完全一致，不能用破损或歪斜的顶尖。使用前应将顶尖、中心孔擦干净，后尾座顶尖要顶牢。为了防止后顶尖与中心孔由于摩擦过热而磨损或烧坏，常用活顶尖。安装顶尖时，必须先擦净锥孔和顶尖，然后用力推紧，否则装不牢固。

(3) 车削细长工件时，为保证安全，应采用跟刀架或中心架，在其长出车床部分应有标志。应用跟刀架或中心架时，工件被支承部分要加机油润滑，转速不能过高，以免使工件与支承爪之间摩擦过热而烧坏或磨损支承爪。

(4) 在用六角车床、半自动车床、自动车床加工长棒料时，如果棒料露在车床外面，转速很高，人一旦接触到它，就有可能被卷入或打伤。要注意不要让手和衣服接触工件表面。磨内孔时不可用手指支撑砂布，应用木棍代替，同时车速不宜太快。

2. 刀具和工件的安装

刀具、工件必须装夹得可靠、稳固。刀具安装在卡头中，卡头外表面若有凸出部分，可用可伸缩的防护装置来保证安全。小工件可用虎钳装夹，大工件用压板螺钉装夹。装夹时都应用垫铁将工件或压板垫平。

3. 车床意外

（1）因工作者的衣物被机件或工作物夹住而卷入受伤。

（2）被活动机件碰撞或压伤。

（3）被车刀刮伤。

（4）工件或切屑飞出而被打伤。

（5）细小切屑刺伤眼部或灼伤身体。

（6）切屑割伤身体。

（7）夹头或材料等重物落下伤及下肢。

4. 车床安全检查

（1）操作前应检查各部件是否处于安全状态下。

（2）各部件是否润滑良好。

（3）工具、量具、材料应妥善放在适当的位置。

（4）未使用的附件应放在专用的柜架内。

（5）齿轮箱等各部分的护罩不可取下，应固定。

（6）机器运转中不可变换齿轮或转速。

（7）下班后机床应保持整洁。

3.3.2 铣削安全

1. 注意事项

一般情况下，铣床刀具都在做快速旋转运动，工件做缓慢的直线运动，即进给运动。因此，铣刀的正确使用和避免铣削时产生的切屑伤害是关键，并且由于铣削是多刃切削，受力不均易产生振动和噪声。

（1）保持机器的清洁与安全良好状态。

（2）切实了解机器的启动与关闭位置。

（3）如发现不正常，应立即停止机器运转。

（4）保持机器及周围环境的整洁。

（5）操作前检查油位各部件安全。

（6）没学会操作前勿试图操作。

2. 铣床意外

（1）手被铣刀及工件切伤或夹伤。

（2）工作物飞出造成的伤害。

（3）身体或眼睛被切屑击伤或烫伤。

（4）宽松衣物被铣刀卷入，造成人体伤害。

（5）重物落下伤及下肢。

3.3.3 钻削安全

（1）工件材料较硬或钻孔较深时，应在工作过程中不断将钻头抽出孔外，排除钻屑，使用冷却润滑液防止钻头过热。必要时采用保护性卡头。

（2）钻孔时，身体不要离主轴太近，以免头发或衣服被钻头卷入。

（3）用钻床铰孔时，绝对不可倒转，否则铰刀和孔壁之间容易挤堆切屑，造成孔壁划伤或刀刃崩裂。

3.3.4 刨削安全

刨床的主运动是往返运动且速度较慢，因此从设备上看，危险性较车床小。

由于刨削加工的不连续性，刨刀切入工件时受到较大的冲击力，所以刀杆应较车刀粗，而装夹时刀头伸出要尽量短。

工件的被加工面必须高出钳口，否则要用平行垫铁垫高工件。为了使装夹牢固，防止窜削时工件走动，必须将比较平整的平面紧贴在垫铁和钳口上。

3.3.5 特殊材料在磨削中的安全问题

镁粉尘很容易燃烧，悬浮在空气中时会引起爆炸。应采取一切可能的措施确保镁磨削粉尘的正确收集与处置。

在对镁进行干法磨削时，必须用设计得当的湿法吸尘系统立即将镁粉尘从工作区域中清除。

随时保持工作环境的整洁，每天必须对砂轮与吸尘器之间的连接管进行至少一次的检查和清理，每个月应对整个吸尘系统进行至少一次的彻底清理。不应将太多的产尘设备与集中排放系统相连接。干燥管路很长的中央吸尘系统和带过滤器的普通吸尘系统，都不适用于收集镁粉尘。要在带式打磨装置或圆盘式磨床上对镁进行湿法磨削，应使用足量的切削液来收集所有粉尘，并将其输送到收集点。

1. 镁屑与微细粉末的处理

（1）干燥切屑应放置在清洁和密封的钢制容器中，并存放在不会与水接触的地方。

（2）湿切屑与淤渣应存放在通风的偏僻处，且必须有足够的通风量，以便使氢气逸出。镁屑、镁粉末与淤渣的常用处理方法是：用5%的氯化铁溶液进行溶解，可在数小时内使绝大多数镁转化成不燃烧的氢氧化镁和氯化镁残渣。由于在这种反应中会产生氢气，故应在室外的敞开容器中进行处理。

2. 镁屑燃烧的灭火

（1）D级灭火器。其材料通常使用氯化钠基粉末或一种经过钝化处理的石墨基粉末，其原理是通过排除氧气来闷熄灭火。

（2）覆盖剂或干砂。小面积着火可用覆盖剂或干砂覆盖，其原理也是通过排除氧气来闷熄灭火。

（3）铸铁碎屑。在没有其他灭火材料的情况下也可以用之，其主要原理是将温度降到镁的燃点以下，而不是将火闷熄。

注意：无论在什么情况下，都不能用水或任何其他标准灭火器去扑灭由镁引起的失火。水、其他液体、二氧化碳、泡沫等都会与燃烧着的镁起反应，这是加强火势而不是抑制火势。

3.4 机械加工危险、危害因素与控制措施

3.4.1 机床的安全防护装置

（1）防护罩（隔离外露的旋转部件）或防护网（防止人体通过）。

（2）防护挡板：隔离磨屑、切屑和冷却润滑液，避免其飞溅伤人。

（3）防护栏杆：防止工作台往返运动时伤人。

（4）保险装置和控制装置：

①超负荷保险装置：工作中发生超负荷情况时使机床停止运行。

②行程限位装置：当工作台到达预定位置时，用挡块或行程限位器压下行程开关，工作台就自动停止或返回。

③顺序动作连锁装置：控制各装置运动按顺序进行，上一个动作未完成前，下一个动作不能进行。

④紧急停车装置、制动装置：迅速、及时停机。

⑤电气设备的保护接地（零）等。

3.4.2 杜绝或减少事故的对策

1. 设备、设施、工具

（1）选择安全性能好的冲压设备。

（2）在冲压设备上安装安全防护装置，如固定栅栏式或活动栅栏式防护罩；采用双手按钮式或双手柄式操作的安全装置，光线式、感应式等的安全防护装置，安全连锁装置等。

（3）工模具选用、安装合适，防止其飞出伤人。

2. 严格执行操作规程

（1）工作前仔细检查并进行试车。

（2）设备运转时，严禁手或手指伸入冲模内放置或取出工件，在冲模内取放工件必须使用手用工具。

（3）冲模安装调整、设备检修，以及需要停机排除各种故障时，都必须在设备启动开关旁挂警告牌。

（4）工作结束时关闭电动机，直到设备全部停车；清理设备工作台面，把脚踏板移到空挡或锁住。

3. 管理

（1）加强对操作人员的安全教育，提高工人的安全意识。

（2）加强对机械设备的检查、维护和保养工作，发现问题及时维修。

3.4.3 机械加工设备一般安全要求

1. 一般要求

机械加工设备必须有足够的强度、刚度、稳定性和安全系数及寿命，以保证人身和设备的安全。

2. 材料

机械加工设备本身使用的材料应符合安全卫生要求，不允许使用对人体有害的材料和未经安全卫生检验的材料。

3. 外形

机械加工设备的外形结构应尽量平整光滑，避免尖锐的角和棱。

4. 加工区

(1) 凡加工区易发生伤害事故的设备，应采用有效的防护措施。

(2) 防护措施应保证设备在工作状态下防止操作人员的身体任一部分进入危险区，或进入危险区时保证设备不能运转（行）或做紧急制动。

(3) 机械加工设备应单独或同时采用下列防护措施：

①完全固定、半固定密闭罩。

②机械或电气的屏障。

③机械或电气的联锁装置。

④自动或半自动给料出料装置。

⑤手限制器、手脱开装置。

⑥机械或电气的双手脱开装置。

⑦自动或手动紧急停车装置。

⑧限制导致危险行程、给料或进给的装置。

⑨防止误动作或误操作装置。

⑩警告或警报装置。

⑪其他防护措施。

5. 运动部件

(1) 凡易造成伤害事故的运行部件均应封闭或屏蔽，或采取其他避免操作人员接触的防护措施。

(2) 以操作人员所站立平面为基准，凡高度在 2 m 以内的各种传动装置必须设置防护装置，高度在 2 m 以上的物料传输装置和带传动装置均应设置防护装置。

(3) 为避免挤压伤害，直线运动部件之间或直线运动部件与静止部件之间的距离必须符合 GB/T 12265—2000 的 4.2 条的规定。

(4) 机械加工设备根据需要应设置可靠的限位装置。

(5) 机械加工设备必须对可能因超负荷发生损坏的部件设置超负荷保险装置。

(6) 高速旋转的运动部件应进行必要的静平衡或动平衡试验。

（7）有惯性冲撞的运动部件必须采取可靠的缓冲措施，防止因惯性而造成伤害事故。

6. 工作位置

（1）机械加工设备的工作位置应安全可靠，并应保证操作人员的头、手、臂、腿、脚有足够的活动空间。

（2）机械加工设备的工作面高度应符合人机工程学的要求。

①坐姿工作面高度应在 700 ~ 850 mm 之间。

②立姿或立—坐姿的工作面高度应在 800 ~ 1 000 mm 之间。

（3）机械加工设备应优先采用便于调节的工作座椅，以增加操作人员的舒适性且便于操作。

（4）机械加工设备的工作位置应保证操作人员的安全，平台和通道必须防滑，必要时设置踏板和栏杆，平台和栏杆必须符合 GB/T 4053. 4—2009 和 GB/T 4053. 3—2009 的规定。

（5）机械加工设备应设有安全电压的局部照明装置。

7. 紧急停车装置

（1）机械加工设备如存在下列情况，必须配置紧急停车装置：

①当发生危险时，不能迅速通过控制开关来停止设备运行终止危险。

②不能通过一个总开关迅速中断若干个能造成危险的运动单元。

③由于切断某个单元可能出现其他危险。

④在控制台不能看到所控制的全部。

（2）需要设置紧急停车装置的机械加工设备应在每个操作位置和需要的地方都设置紧急停车装置。

8. 防有害物质

机械加工设备应有处理和防护尘、毒、烟雾、闪光、辐射等有害物质的装置，在使用过程中不得超过标准。

9. 防噪声

机械加工设备的噪声指标应低于 85 dB（A）。

10. 防火防爆

机械加工设备应按使用条件和环境的需要，采取防火防爆的技术措施。

11. 电气装置

机械加工设备的电气装置按 GB/T 4064—2010 执行。

3.4.4 控制机构的要求

1. 一般要求

（1）机械加工设备应设有防止意外启动而造成危险的保护装置。

（2）控制线路应保证线路损坏后也不发生危险。

（3）自动或半自动控制系统必须在功能顺序上保证排除意外造成危险的可能性，或设有可靠的保护装置。

（4）当设备的能源偶然切断时，制动、夹紧动作不应中断；能源又重新接通时，设备不得自动启动。

（5）对危险性较大的设备应尽可能配置监控装置。

2. 显示器

（1）显示器应准确、简单、可靠。

（2）显示器的性能、形式、数量和大小及其度盘上的标尺应适合信息特征和人的感知特性。

（3）显示器的排列应考虑以下原则：

①最常用、最主要的视觉显示器尽可能安排在操作人员最便于观察的位置。

②显示器应按功能分区排列，区与区之间应有明显的区别。

③视觉显示器应尽量靠近，以缩小视野范围。

④视觉显示器的排列应符合人的视觉习惯（优先顺序为从左到右，从上到下）。

（4）显示器的显示应与控制器的调整方向及运动部件方向相适应。

（5）危险信号的显示应在信号强度、形式、确切性、对比性等方面明显于其他信号，一般应优先采用视、听双重显示器。

3. 控制器

（1）机械加工设备的控制器的排列应考虑以下原则：

①控制器应按操作使用频率排列。

②控制器应按其重要程度排列。

③控制器应按其功能分区排列。

④控制器应按其操作顺序和逻辑关系排列。

⑤控制器的排列应符合人的使用习惯。

（2）控制器应以间隔、形状、颜色或触感、形象符号等方式使操作人员易于识别其用途。

（3）控制器应与安全防护装置联锁，使设备运转与安全防护装置同时起作用。

（4）控制器的布置应符合人体生理特征。

（5）控制器的操纵力大小应适合人体生物力学要求。

（6）对两人或多人操作的机械加工设备，其控制器应有互锁装置，避免因多人操作不协调而造成危险。

（7）控制开关的位置一般不应设在误动作的位置。

3.4.5 防护装置的要求

1. 安全防护装置

（1）安全防护装置应结构简单、布局合理，不得有锐利的边缘和角。

（2）安全防护装置应具有足够的可靠性，在规定的寿命期限内有足够的强度、刚度、稳定性、耐腐蚀性和抗疲劳性，以确保安全。

（3）安全防护装置应与设备运转联锁，保证安全防护装置未起作用之前设备不能运转。

（4）安全防护罩、屏、栏与运转部件的距离，按 GB/T 8196—2003 和 GB/T 8197—2003 执行。

（5）光电式、感应式等安全防护装置应设置自身出现故障的报警装置。

2. 紧急停车开关

（1）紧急停车开关应保证瞬时动作时能终止设备的一切运动；对有惯性运动的设备，紧急停车开关应与制动器或离合器联锁，迅速终止运行。

（2）紧急停车开关的形状应区别于一般控制开关，颜色为红色。

（3）紧急停车开关的布置应保证操作人员易于触及，不发生危险。

（4）设备由紧急停车开关停止运行后，必须按启动顺序重新启动才能重新运转。

3.4.6 检验与维修的要求

1. 一般要求

机械加工设备必须保证按规定运输、搬运、安装、使用、拆卸。检修时，应最大限度降低危险和危害。

2. 重心

对于重心偏移的设备和大型部件应标志重心位置或吊装位置，保证设备安装的安全。

3. 日常检修

机械加工设备的加油和日常检查一般不得进入危险区内。

4. 危险区内的检修

机械加工设备的检验与维修，若需要在危险区内进行的，必须采取可靠的防护措施，防止危险发生。

5. 检修部件开口

机械加工设备需要进入检修的部位，应有适合人体要求的开口。

3.5 其他注意事项

3.5.1 加工异形零件

加工畸形和偏心零件，一般采用花盘装卡对工件进行固定，因此首先要注意装卡牢靠，卡爪、压板不要伸出花盘直径以外，最好加装护罩；其次要注意偏心零件的配重，配重要适当，配重的内孔直径与螺杆直径间隙要小。机床旋转速度不要太高，以防止旋转时由于离心力的作用使配重外移，进而与机床导轨相碰，折断螺丝，打伤操作者。

3.5.2 操作安全要求

1. 机床设备操纵系统应满足的安全要求

(1) 便于操作，减少来回走动，避免不必要的弯腰、踮脚动作。

(2) 定位准确可靠，防止稍有振动便产生误动作。

(3) 机床设备操作件运动方向和被操作部件运动方向要符合规定，并有简易符号标志。

(4) 安设必要的互锁机构，防止操作件产生不协调动作，以及多人操作不协调时出现的事故。

(5) 手柄、手轮、按钮的结构和排列位置要符合规定。启动按钮应安设在机壳内或装设防止意外触动的护环。安装在轴杆上的手轮、手柄，在自动进刀时，会随轴转动伤人，因此应安装自动脱出装置。

2. 预防切屑对人体伤害的安全措施

(1) 根据被加工材料性质，改变刀具角度或增加断屑装置，选用合适的进给量，将带状切屑断成小段卷状或块状切屑，加以清除。

(2) 在刀具上安装排屑器，或在机床上安装护罩、挡板，控制切屑流向，不致伤人。

(3) 高速切削生铁、铜、铝材料，除在机床上安装护罩、挡板以外，操作者应佩戴防护眼镜。

(4) 使用工具及时清除机床上和工作场所的铁屑，防止伤手、脚，切忌光手清理铁屑。

3. 操作员要求

(1) 工作前穿好工作服，扎好袖口，戴好工作帽，严禁戴手套操作。

(2) 认真检查设备各部分及防护罩、限位块、保险螺钉等安全装置是否完好有效。

(3) 设备电源必须牢固有效地接地接零，局部照明灯为 36 V 电压。

(4) 工作前，在各油孔内加油润滑，空转试车确认无故障方可工作。

(5) 机床运转时，不准用手检查工件表面粗糙度和测量工件尺寸。

(6) 装卡零部件时，扳手要符合要求，不得加套管以增大力矩去拧紧螺母。

(7) 不准用手缠绕砂布去打磨转动零件。

(8) 对高速转动的偏心工件或畸形工件要加配重，并做平衡试验，凸出部分加护罩。

(9) 更换齿轮、装卸夹具必须切断电源，停稳后才能进行。

(10) 自动走刀前，调整和紧固行程限位器，并调出进给手轮。

(11) 下班时，要将各种走刀手柄放在空挡设置，拉下电闸，并擦拭机床打扫卫生。

3.5.3 机床的安全装置

1. 防护装置

用来使操作者和机器设备的转动部分、带电部分及加工过程中产生的有害物隔离。如皮带罩、齿轮罩、电气罩、铁屑挡板、防护栏杆等。

2. 保险装置

用来提高机床设备的工作可靠性。当某一零部件发生故障或出现超载时，保险装置动作，迅速停止设备工作或转入空载运行。如行程限位器、摩擦离合器等。

3. 联锁装置

用于控制机床设备操作顺序，避免动作不协调而发生事故。如车床丝杆与光杆不能同时动作等，都要安装电气或机械的联锁装置加以控制。

4. 信号装置

用来指示机器设备运行情况，或者在机器设备运转失常时发出颜色、音响等信号，提醒操作者采取紧急措施加以处理。如指示灯、蜂鸣器、电铃等。

4　机械制造工艺规程制订实训

根据零件设计图纸，编制机械加工工艺规程（工艺过程卡和加工工序卡），分组讨论，在教师的指导下修改完成机械加工工艺规程卡的制定，并试加工成功，最后由教师写出评审意见。编写具体内容如下：

（1）选择制造方法，指定毛坯的技术要求。

（2）拟订机械加工工艺过程。

（3）合理选择各工序的定位基准。

（4）确定各工序所用的加工设备。

（5）确定刀具材料、类型和规定量具的种类。

（6）确定一个加工表面的工序余量和总余量。

（7）确定一个工序的切削用量。

（8）确定工序尺寸，正确拟订工序技术要求。

（9）计算一个工件的单件工时。

（10）编制机械加工工艺规程。

（11）试加工。

（12）编写设计说明书。

1．轴加工

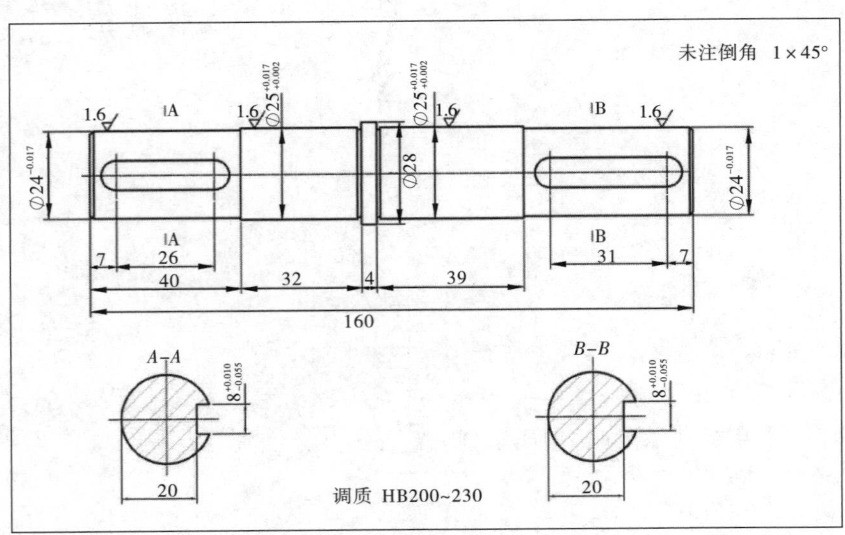

图4－1　工件图纸（单位：mm）

2. 套筒加工

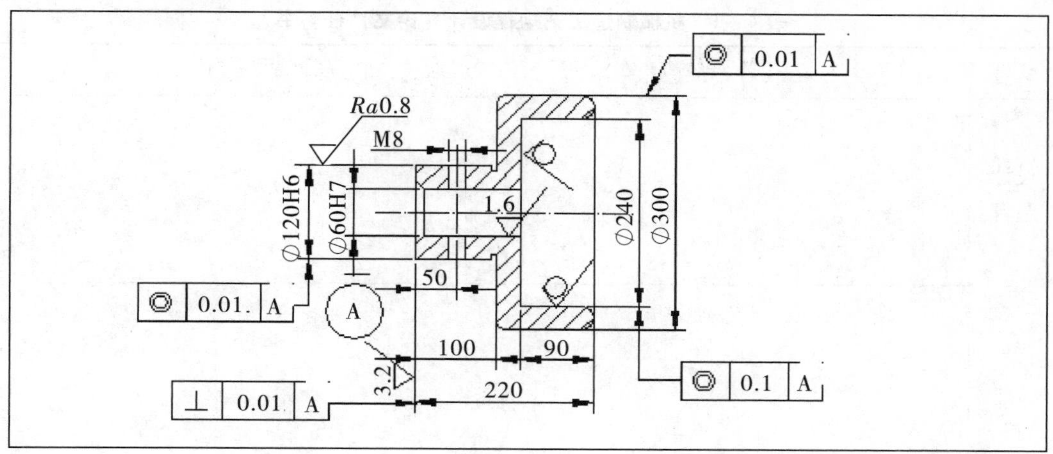

图4－2 套筒零件图（单位：mm）

3. 拨叉加工

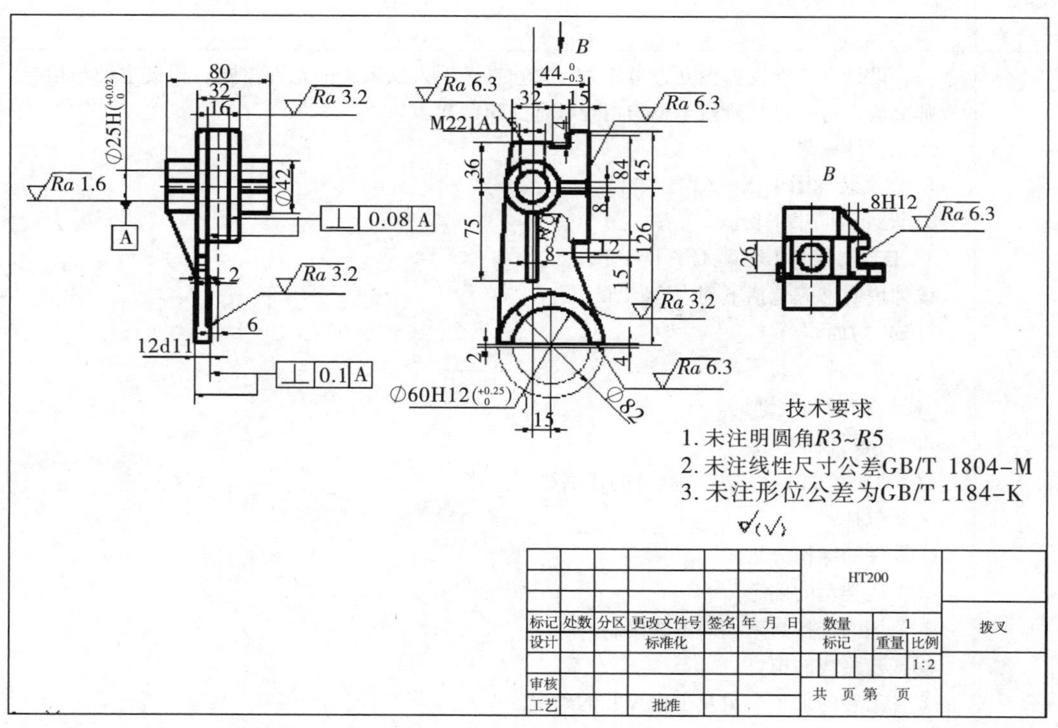

图4－3 拨叉零件图（单位：mm）

4. 任务书

表4-1　机械制造工艺规程设计（论文）任务书

<table>
<tr><td>学号</td><td></td><td>学生姓名</td><td></td><td>专业（班级）</td><td></td></tr>
<tr><td>设计题目</td><td colspan="5"></td></tr>
<tr><td>设计技术参数</td><td colspan="5"></td></tr>
<tr><td>设计要求</td><td colspan="5">一、设计者必须发挥独立思考能力，禁止抄袭他人成果，不允许雷同。积极主动与指导教师交流，每一进展阶段至少与指导教师交流两次。
二、设计成果。
1. 夹具装配图1张，A1。
2. 设计说明书1份。
3. 工艺规程卡1套、工序卡若干张。
设计说明书应包括下列内容：
（1）封面。
（2）目录。
（3）摘要和关键词。
（4）设计任务书。
（5）机械加工工艺规程制订的详细过程。
主要包括：
①零件的结构分析。
②生产类型的确定。
③毛坯的选择与毛坯简图的绘制。
④工艺路线的拟订。
⑤各工序的加工余量及工序尺寸的确定。
⑥切削用量的计算和确定。
⑦时间定额的计算和确定。
（6）参考文献（要包含资料的编号、作者名、书名、出版地、出版者、出版年月）。
三、定稿完成后，按照学校要求打印、装订、装袋，并和电子稿一起交给教师，准备答辩。</td></tr>
</table>

续上表

<table>
<tr><td>学号</td><td></td><td>学生姓名</td><td></td><td>专业（班级）</td><td></td></tr>
<tr><td>工作量</td><td colspan="5">1. 夹具装配图 1 张，A1。
2. 设计说明书 1 份。
3. 工艺规程卡 1 套、工序卡若干张。</td></tr>
<tr><td>工作计划</td><td colspan="5">
<table>
<tr><th>序号</th><th>环节</th><th>时间分配/天</th><th>备注</th></tr>
<tr><td>1</td><td>设计准备工作</td><td>0.5</td><td></td></tr>
<tr><td>2</td><td>机械加工工艺规程制订</td><td>2</td><td></td></tr>
<tr><td>3</td><td>填写机械加工工艺卡片</td><td>5</td><td></td></tr>
<tr><td>4</td><td>撰写设计说明书</td><td>2</td><td></td></tr>
<tr><td>5</td><td>答辩</td><td>0.5</td><td></td></tr>
<tr><td colspan="2">小计</td><td>10</td><td></td></tr>
</table>
</td></tr>
<tr><td>参考资料</td><td colspan="5">1.《金属切削加工手册》。
2.《机床夹具设计手册》。
3.《机械制造工艺学》。
4.《机械制造工艺学课程设计指导书》。</td></tr>
<tr><td>指导教师签字</td><td colspan="5"></td></tr>
</table>

年　　月　　日

附　录　机械制造工艺设计说明书

机械制造工艺

设计说明书

设计题目：________________

学院（系）：________________

专　　业：________________

班　　级：________________

姓　　名：________________

学　　号：________________

指导教师：________________

完成日期：________________

年　　月　　日

目　录

一、序言

二、零件的分析

1. 功用分析

2. 工艺分析

三、机械加工工艺规程制订

1. 确定生产类型

2. 确定毛坯制造形式

3. 选择定位基准

4. 选择加工方法

5. 制订工艺路线

6. 确定加工余量及毛坯尺寸

7. 工序设计

8. 确定切削用量和基本时间

四、总结、致谢及参考文献

1. 总结

2. 致谢

3. 参考文献

五、工艺卡设计评审意见表

指导教师评语：

成绩：

指导教师：

年　　月　　日

答辩小组评语：

成绩：

评阅人：

年　　月　　日

总成绩：

答辩小组成员签字：

年　　月　　日